用 AI 赚钱

芙朗 著

图书在版编目（CIP）数据

用 AI 赚钱 / 芙朗著. -- 南京 : 江苏凤凰文艺出版社, 2025. 8. -- ISBN 978-7-5594-9915-8

Ⅰ. TP18

中国国家版本馆 CIP 数据核字第 2025NF7792 号

用 AI 赚钱

芙朗　著

责任编辑　耿少萍
特约策划　杨雯婧
责任印制　杨　丹
出版发行　江苏凤凰文艺出版社
　　　　　南京市中央路 165 号，邮编：210009
网　　址　http://www.jswenyi.com
印　　刷　水印书香（唐山）印刷有限公司
开　　本　670 毫米 ×950 毫米　1/16
印　　张　12
字　　数　133 千字
版　　次　2025 年 8 月第 1 版
印　　次　2025 年 8 月第 1 次印刷
书　　号　ISBN 978-7-5594-9915-8
定　　价　49.80 元

前言

AI 赋能，智能时代普通人的赚钱新思维

2016 年，一条围棋界的新闻引起了世界的广泛关注，原因无他，一句话概括就是——“机器人打败了人类”。

围棋世界冠军韩国选手李世石在这场人机大战中，输给了 AlphaGo。次年，排名世界第一的中国选手柯洁也在乌镇围棋峰会上败给了这只“阿尔法狗”。

这是 AI 第一次进入大众视野，但是在当时的普通人眼里，AI 依旧离我们很遥远。直到 2022 年，OpenAI 发布的 ChatGPT 横空出世，在发布后短短 5 天内，就拥有了超过 100 万的注册用户。AI 也真正走入了我们的日常生活。

AI，全称是 Artificial Intelligence，中文译为人工智能。简单来说，就是用计算机来模拟人类智能的技术。随着这几年的不断更新迭代，AI 工具也从一开始的文本生成问答模式不断升级，文字生成图片、图片生成视频、文字生成视频……甚至在 DeepSeek 问世后，AI 还发展出了类似人类大脑的“深度思考”功能。

如今，众多科技公司也纷纷下场，Midjourney、即梦、豆包、

Kimi 等 AI 产品层出不穷，一时间整个市场呈现出百花齐放的状态，AI 正在以超乎想象的速度渗透进我们的生活和工作之中。或许你早已在不知不觉间使用过 AI，比如手机的语音助手、搜索平台自动总结的新闻摘要，甚至连收到的某些短信文案，可能也是 AI 编写的。AI 正在无声无息地改变着我们的生活，也为那些“有准备的人”，带来了一条全新的逆袭之路。

在 AI 普及前，不管是写作、绘画，还是做视频、编程，这些能力都只属于那些专业人士，面对这些技能催生出来的赚钱门路，普通人只能望洋兴叹。但现在，AI 的出现极大地降低了这些门槛，让普通人也能借助科技的力量实现“逆袭”，让自己在竞争激烈的市场中脱颖而出。

2024 年 12 月 20 日，“人工智能”当选为汉语盘点 2024 年度国际词。因此，可以肯定地说：AI 正在以前所未有的方式改变我们赚钱的方式。对于我们普通人来说，这既是挑战，也是机遇。

本书的目的，就是要帮助普通人快速掌握 AI 变现的方法。全书共分为六个部分，有基础理论知识，也有实战案例，确保即使是零基础的小白，也能通过简单的操作学会如何用 AI 赚钱。

使用这本书，你无需具备编程能力，不必拥有艺术天赋，也不需要是专业写手，甚至不需要投入太多初始资金。你真正需要的，是一颗愿意学习、积极尝试的心。希望本书能成为你掌握 AI 技能的得力助手，助你在智能时代浪潮中顺势而为，开启个人成长与突破的新篇章。

目 录

第 1 章 AI 辅助写作，爆款内容手到擒来

第 2 章 AI 辅助绘画，有审美就能当“艺术家”

第 3 章 AI 生成视频，打造变现新机遇

第 4 章 AI 办公提效，人工智能让你事半功倍

第 5 章 AI 助力数据处理与编程，小白也能轻松搞定

第 6 章 AI+ 知识付费，打造自动化赚钱体系

第 1 章

AI 辅助写作，爆款内容手到擒来

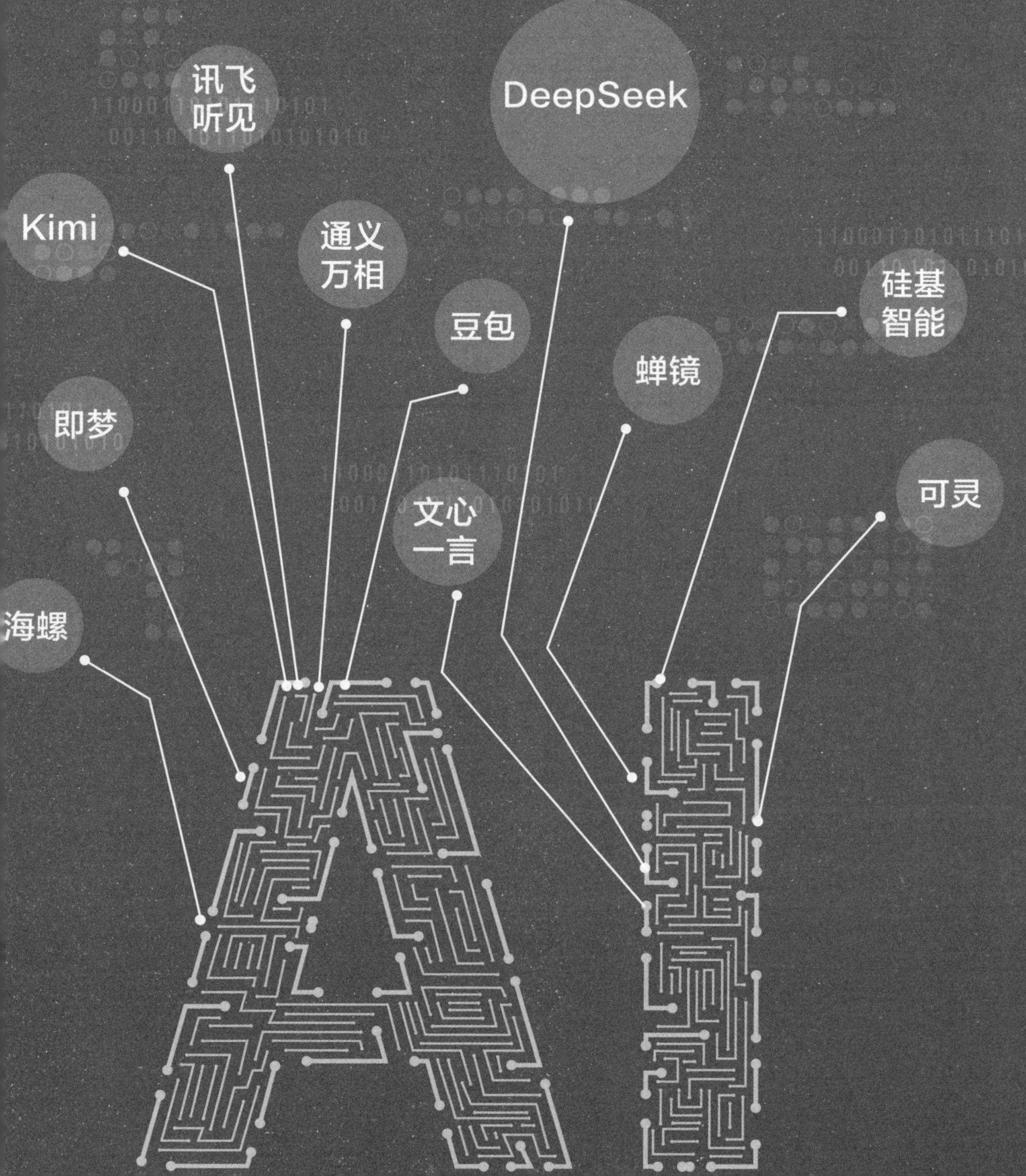

1.1 写作 AI 平台大盘点：找准适合自己的平台

AI 写作工具的出现，让普通人也能快速生产高质量内容，降低了内容创作的门槛。但想要“吃上这碗饭”，关键就在于你得有个适合你使用的 AI 工具帮你干活。

就像农民伯伯种地，以前都是依赖人力用锄头劳作，耕作过程非常辛苦，现在有了拖拉机，效率得到显著提升。不过，现在市场上 AI 工具可不少，我们到底应该如何选择呢？本节就带大家“验验货”，盘点一下普通人能够接触到的几个常见平台。

1 ChatGPT

ChatGPT 全名 Chat Generative Pre-trained Transformer，是由 OpenAI 开发推出的人工智能模型，可以说是 AI 聊天机器人的“开山鼻祖”。

优点：在理解复杂问题、写代码、创意写作、逻辑推理等方面，公认非常强大，经常能给出惊艳的回答。由于发展较早，整体生态成熟，有大量的教程、插件和相关的应用，可以玩出很多花样。

缺点：对国内的使用者来讲门槛较高，需借助国际网络访问工具，还需要国外手机号注册。并且，ChatGPT 对于中文内容的本地化理解稍弱，有时在理解中国文化、俗语、细微情感上，不如本土模型那么“地道”。

2 Kimi

Kimi 是国内一家叫“月之暗面”的公司做的 AI 大模型，凭借超强的文本输出能力在国内 AI 市场迅速走红。它还有着强大的上下文理解能力，属于全能型的 AI 助手。如图 1-1 所示。

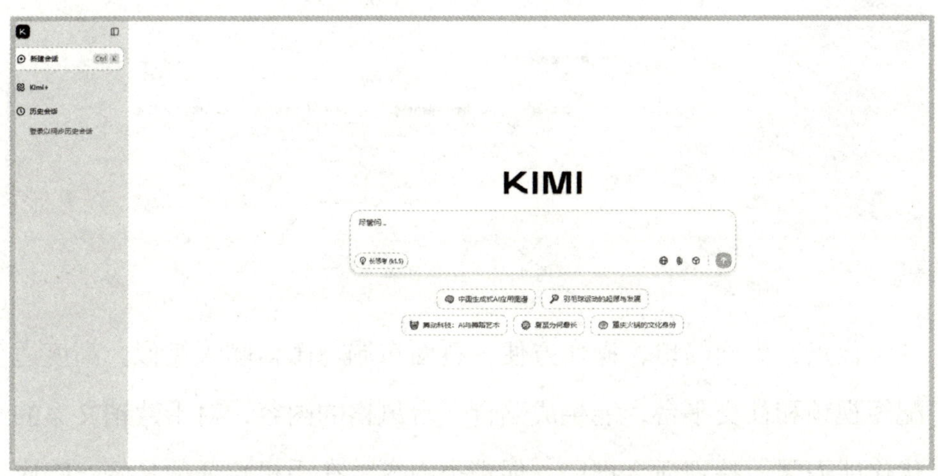

图 1-1　Kimi 页面

优点：Kimi 有着超长记忆，可以处理长篇内容（比如几十万字的小说、报告、网页内容），然后帮你总结、翻译、回答问题，很适合深度写作。交互性强，对话流畅，能理解复杂的上下文需求。

缺点：功能相对聚焦，核心优势在于处理长文本，如果你只是需要简单的问答、写个几百字的短文案，可能发挥不出它的最大价值。

3 豆包

豆包是字节跳动推出的 AI 助手，深度融合抖音生态系统，尤其擅长短视频领域的文案创作，包括短视频脚本撰写、广告文案优化等应用场景。如图 1-2 所示。

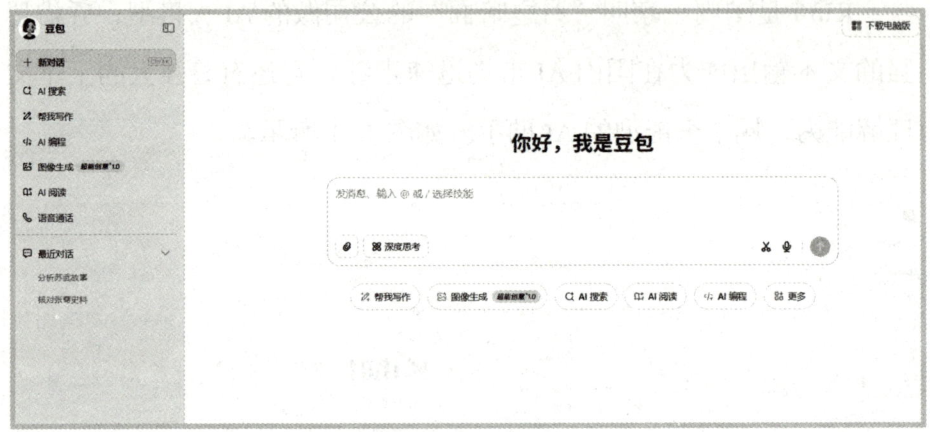

图 1-2　豆包页面

优点：界面简单，操作方便，页面布局与微信聊天类似。高度适配短视频和社交平台，能生成贴合平台风格的内容，对于营销文案的优化能力强，特别适合推广、促销类内容。在手机端适配良好，响应速度快，适合轻量级写作需求。

缺点：内容深度有限，适合快消类内容创作，但不适合深度分析。而且上下文记忆能力较弱，不太适合长篇文章写作。

4 DeepSeek

DeepSeek 是国产自研的大模型，由专注 AI 技术研发的深度求索（DeepSeek）公司自主研发，一经发布就引起了市场的火热追捧。DeepSeek 专注于精准写作，尤其适合营销内容和知识型内容创作。

如图 1-3 所示。

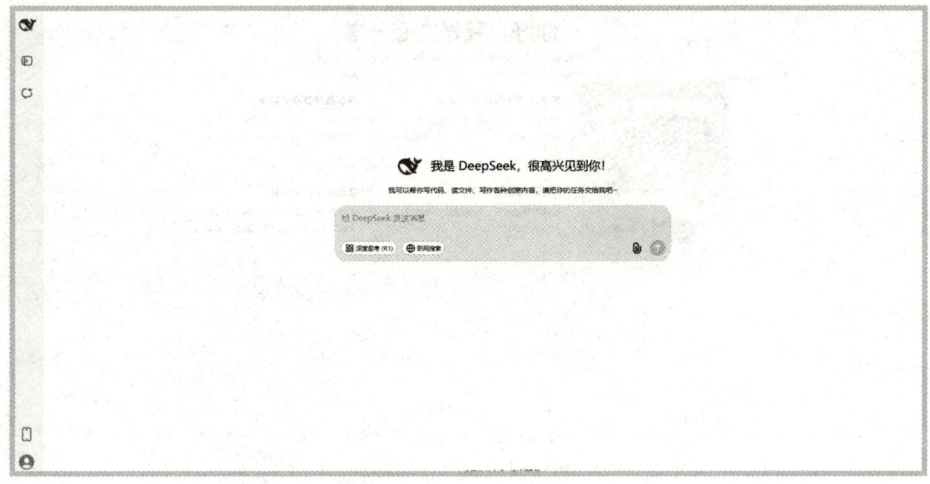

图 1-3　DeepSeek 页面

优点：专注于精准写作，尤其适合营销内容和知识型创作。它可能更“实在”，有些用户觉得它的回答相对没那么多“套话”，比较直接，因而较适合深度写作，如行业报告、长篇文章等。同时，它支持多种文本优化，包括改写、润色、提炼摘要。

缺点：不太适合短平快的社交媒体内容，对长篇小说创作的支持相对较弱，需要作者有完整的思路后在此基础上做优化。

5 文心一言

百度推出的 AI 模型，结合了百度搜索数据，因此特别适合 SEO 优化、网站文案、广告营销等场景。如图 1-4 所示。

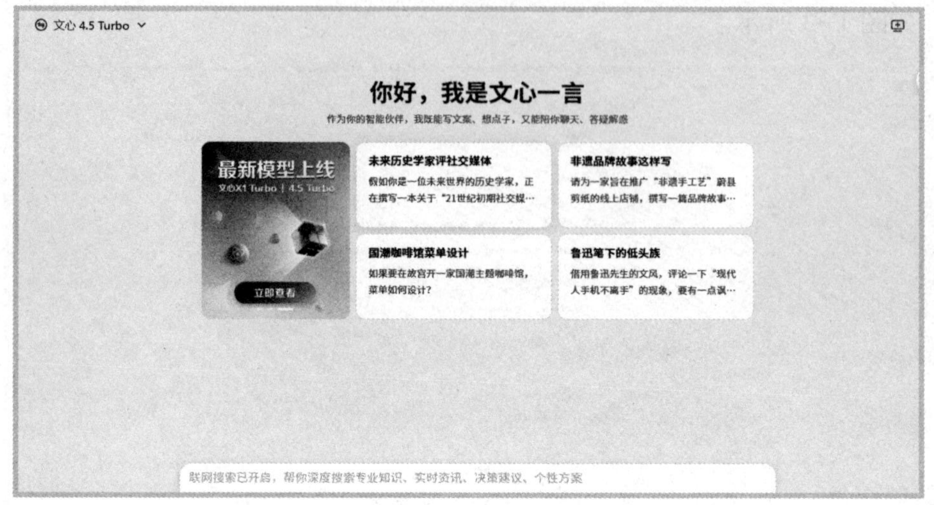

图 1-4　文心一言页面

优点：适合百度生态，使用它生成的内容易于被搜索引擎收录，适合营销、推广类文章的创作。

缺点：和优势相对应，由于文心一言较为依赖百度生态，因此适用范围有限，脱离百度系相关平台用处不大。同时它的创意写作能力一般，有时回答问题比较保守、中规中矩，创意性、自由发挥上可能稍逊一筹，在虚构类内容创作中存在风格局限。

总体来讲，ChatGPT 适合需要创意和逻辑的活儿，Kimi 擅长处理长篇大论，豆包做短视频文案很顺手，DeepSeek 适合写专业报告，文心一言则对百度生态更友好。

没有哪个工具是完美的，关键要看它能不能解决你的具体问题。建议先明确自己最常用的创作场景，是写故事、做报告，还是发社交媒体？然后挑个最顺手的工具，让 AI 帮你把活儿干得更快更好。毕竟工具再智能，也得靠人来决定怎么用。

 了解 AI 文字生成的底层逻辑，巧用提示词

看了这么多各有所长的 AI 工具之后，你可能觉得 AI 也太好用了，只要输入几个字就能快速写出一大段话，甚至能写得有模有样。但这代表着我们就能轻松地一键生成所有想要的文字内容了吗？

答案当然是否定的，用好 AI 的第一步，就是要学会如何使用提示词“指挥”它，让 AI 尽量准确输出我们所需要的文字。

首先我们得明白一点，AI 不像人一样有思想、有感情。它写出来的所有内容，其实不是它自己“想”出来的。你可以把它想象成一个读遍天下书、聊遍天下天的“学生”。

这个“学生”最擅长两件事：

一是找规律。它读了海量的文字，从中学会了：哪个词语后面经常跟着哪个词语，写“高兴”的事情常用哪些词，邮件格式怎么排，小红书的风格是怎样的……也就是说，它学到的并不是文字的“意思”，而是文字搭配的规律。

二是做预测。当你给它输入指令时，AI 会根据你输入的文字，从它学到的巨大“规律库”里，预测接下来最有可能出现的那个字是什么。这样不停地预测下去，就生成了一整段文字。

这样的 AI，就需要我们用恰当的指令来引导他们。当你使用词语来引导 AI 进行文本输出的时候，实际上也是在改变 AI 对一些文字使用时的概率调整，比如你在输入“请用文言文描述这段话”，那么它的描述就会更多地使用“之乎者也”。

明白了 AI 生成文字的底层逻辑之后，我们就可以更快地掌握实战中一些有用的技巧。

1 套用固定公式提问

当你对提示词的使用尚在入门阶段的时候，不妨套用一些固定的提示词语公式，得到自己想要的文字，这个公式可以用在大部分的文字生成中。通常最基础的提问格式是：谁 + 做什么 + 重点是什么 + 避免什么。

比如套用这个格式，我们就可以写这样一段提示词：“请写一段适合老年人观看的纸巾广告，重点突出纸巾便宜且不含荧光剂，避免过于专业的词。”

2 模拟角色进行问答

每个人的身份不同，说话风格也不同。比如同样是花，普通人可能说“好看、好香”，但植物学家却能把花的品种特点说得头头是道。AI 也是如此，给它设定一个具体的人物身份，能够使 AI 输出的内容更加准确。

比如我们可以说：“你是一位经验丰富的数学教师，请你以这个身份做一份二元一次方程组的教案。”这样生成的教案，会更加贴合学生上课的场景。

3 给 AI 举例子

让 AI“照着葫芦画瓢”也是一种简单、有效的方法。

比如你希望 AI 写出一首以梅花为主题的现代诗歌，但 AI 总是给你一些古诗风格的诗句。这时你可以找一些现代诗，把它们发给 AI，再跟它说：“请参考以下内容的风格，重新写这首诗歌。”这样大概率就能生成你想要的内容了。

好的提示词就像给 AI 画路线图，路线标的越细致，它就越能精准带你到达想去的地方。用好 AI 写作的关键，就是学会怎么跟它有效沟通。当我们把模糊的想法转化成 AI 能理解的指令，这个工具就不再是个只会听命令的黑盒子，而是一个能帮我们高效完成工作的好帮手。多试几次你就会发现，只要把需求说清楚、讲具体，AI 生成的内容会越来越符合你的期待。

1.3 AI 帮读书也能赚钱？拆书稿变现模式详解

现在的打工人普遍生活节奏快、压力大，很多人没时间或者不能静下心来阅读完一整本书。但越是这样，越会陷入知识焦虑，大家反而希望快速获取书籍中的精华。

因此拆书稿成为内容变现的一种新方式，你可以用 AI 总结书籍核心内容，并将其整理成适合读者消费的内容形式。比如跟日常工作结合，转化成一些可操作的知识点，然后将这些内容发布在平台上赚取收益。

比如，把厚厚的《金字塔原理》提炼为 10 分钟音频或者一篇 3000 字的文章，直接告诉你这本书最核心的逻辑概念，以及如何在生活中实践。

以往我们可能会对读完多本书所需要的时间成本望而却步，但现在利用 AI 技术的优势，我们可以高效完成书籍内容整理。不过有个前提：要先搞清楚拆书变现的模式。

而不同的变现模式下，对应的核心问题是：拆什么书，怎么拆，下面我们着重分析两种书籍的拆分与变现方式。

1 拆解经典与热门书籍

这种拆书模式主要变现方式为：向听书平台、播客投稿获取稿费，通过自媒体运营获取流量或广告分成，以及带货相关的书籍。

那我们该如何利用 AI 来拆书呢？这里举个简单的例子，首先第一步明确稿件生成的方向，如果是制作听书软件内容，可将 AI 定位为“读书稿件撰写人”，如果是进行自媒体创作，可将 AI 定位为“专业书评人”。

这里用听书软件投稿为例，可以参考以下模式的 AI 提问：

“你是一名读书稿件撰写人，请按照以下要求拆解《红楼梦》：分析角色时可结合心理学家和读者的双重视角；分析文章结构，重点提炼文章的中心论点；注意语言平实，每段不超过 200 字；最后摘抄金句，并对里面的好词加以注释。”

你可以通过自己对这本书的理解分析，或者甲方对稿件的具体要求来调整细化输入给 AI 的命令。

2 拆解网络小说

这种模式是通过 AI 系统化分析网络小说的创作要素（比如剧情节奏、语言用词、流行趋势）实现商业变现，其主流盈利模式可分为三类：一是自媒体运营变现，依托平台流量分成或广告投放收益；二是小说推荐引流模式，通过精准导读吸引读者付费；三是知识付费服务，为创作者提供网文结构优化、爽点设计等专业指导。这种变现路径既可单点突破，也可组合运营。

这里举一个用 AI 拆解网络小说的例子：

首先上传你想拆解的章节，接着提出需求。比如“请帮我分析该小说第 1 ~ 5 章节内容节奏，归纳总结章节结构公式，分析这几章分别用了多少字铺垫，多少字描写冲突，多少字留出下一章的伏笔，再总结这篇文每隔多少字设定一个高潮或者反转点。”

用 AI 拆书的根本目的，不是光看懂书里的内容，而是要把知识变成能用的东西，真正帮到你的工作或个人成长。只要方法得当，一本书就能轻松变成各种形式的内容，适合发在短视频、公众号这些地方，让知识既能积累经验又能帮你赚钱。

以下是几种常见的内容分发的渠道和方法。

公众号长文

适合 AI 拆书长文（含思维导图、金句合集），结合你的理解，写成深度解析文章。适合吸引精准粉丝，建立专业形象。

这种方式特别适合自媒体运营者、知识付费从业者或专业领域的内容创作者，不仅能促进个人专业精进，还能通过输出内容积累影响力。

短视频干货（抖音、小红书等）

提炼书中最抓人的一个点、一个金句或一个颠覆认知的概念，用几十秒讲清楚“是什么 + 有什么用 + 怎么用”，配上吸引眼球的画面和字幕。每个视频 1~3 分钟，适合快速传播，引流到私域。

这种方式特别适合教育博主或营销从业者，不仅能快速吸引大量精准流量，还能通过高频输出强化个人品牌，轻松实现知识变现。

知识卡片 / 图文（小红书、朋友圈等）

提炼书中的知识点做成金句，比如“高清金句海报 + 书籍封面 + 200 字干货摘要”的形式；或者用 AI 生成思维导图，把书中的目录、案例、核心观点等做成视觉化的知识卡片或信息图，发在小红书、朋友圈等平台。直观易懂，方便收藏和传播。

这种方式特别适合知识博主或社交媒体运营者，不仅能高效展示核心知识点，提升用户的记忆点，还能通过视觉化形式吸引互动和转发，轻松积累私域流量，实现知识变现。

直播 / 社群分享

围绕一本书的主题做直播拆解，带领大家共读讨论；或者在你的付费社群每日分享拆书摘要。也可以用问答形式，让 AI 设计一些问题来增加互动感。这样可以详细解答用户疑问，还能促进转化。

这种方式适合知识主播、社群运营人士或教育从业者，不仅能深度解析书籍内容、实时解决用户困惑，还能通过互动问答增强参与黏性，有效引导付费转化，推动知识产品复购与社群裂变增长。

主题课程 / 训练营

将几本同主题的经典书籍精华，结合你的经验，设计成系统的小课程或短期训练营。价值感高，是知识变现的有效路径。

这种方式适合教育从业者、课程设计师或内容创业者，可以通过结构化课程设计增强用户黏性、促进长期转化，有效实现知识产品的高溢价变现，推动品牌权威建立与学员复购增长。

选择哪种形式，取决于你的目标用户在哪，以及你想达成的效果（涨粉、引流、变现、建立品牌）。关键是利用 AI 把书“嚼碎”了，变成你能驾驭、用户能直接受益的内容，让知识既能积累经验又能帮你赚钱。

 写作太难？用 AI 给宝宝起名也能赚钱

虽然前面介绍了一些 AI 工具和使用方法，但很多朋友可能会说："我文化水平不高，也从来没写过文章，我还能用 AI 赚钱吗？"那这节我们就说一个"接地气"的赚钱方法——用 AI 给宝宝起名。

为什么选择这个赛道呢？你想想，谁家添了新丁不高兴，给宝宝起个好名字可是天大的事。很多宝妈宝爸为了给孩子起个好名字，恨不得翻遍字典，甚至可能花钱找"大师"来算。

说到花钱，这里面就有商机了。以前你可能觉得，做这活儿得有点文化底蕴，怎么也要懂点唐诗宋词。但现在有了 AI，我们不需要变成"国学大师"，只需要告诉 AI 你的要求，比如姓氏、出生日期、期望的名字风格或寓意等。接下来，AI 就能在很短的时间内给你生成几十个名字，有需要的话，还可以为你附带上每个名字的解释和出处。

那么具体该如何操作呢？

首先就是搞清楚客户的需求，我们可以提前做好一个问卷，发给有意向的客户进行填写，可以参考以下内容：

①姓氏。

②性别。

③出生年月日（如果需要结合生辰八字，还需要填写具体时辰）。

④父母期望（可以举几个方向让客户勾选，如快乐、幸福、勇敢、聪明）。

⑤风格（如简洁、独特、诗意、大气……）。

⑥忌讳字（比如需要避开的长辈名字等）。

⑦其他特殊需求。

拿到了这些信息后，打开任意一个你熟悉的 AI 工具，输入指令即可。以文心一言举例，如图 1-6 所示，大家可以按需求更换里面的内容：

“你现在是一位精通中华文化和姓名学的起名专家。请帮我为一个姓‘李’的男宝宝起名字。他是 2025 年 5 月 20 日上午 10 点出生的。父母希望名字寓意着‘聪明、健康、有担当’，风格要大气、沉稳，最好出自经典古籍，但不要太生僻拗口。请结合宝宝的生辰八字，提供 15 个双字名选项，需要包含每个名字的拼音、每个字的含义以及名字的出处。同时，需要避免使用‘伟、强、刚’这几个字。”

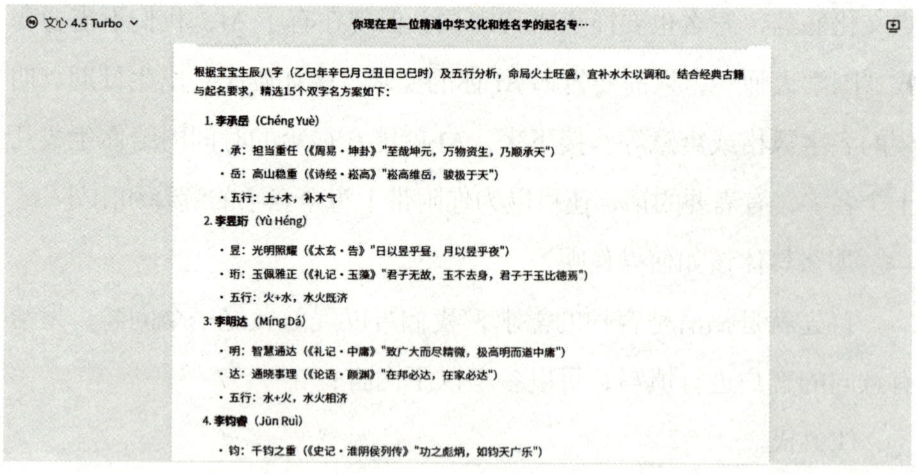

图 1-6　文心一言生成内容

如果对结果不满意，也可以多刷新几次，拿到比较多的名字后，我们就可以进行筛选了。毕竟 AI 不是人类，不能完全理解人类起名的逻辑，我们需要把一些有歧义、不好听，或明显不符合需求的名字去掉。

接下是检查环节，因为 AI 偶尔会“犯迷糊”，我们需要查证，保证 AI 给的出处和含义没有问题。最后就是对内容进行润色了，我们可以把最终选出的 3 ～ 5 个名字整理好，配上精致的卡片或设计，提交给客户做最终选择。

搞懂了流程，我们的“起名小店”就可以准备开张了。前期我们可以去各个问答平台搜索这类问题，比如知乎、百度知道等，在下面回复起好的名字；也可以开个直播间，直播帮人起名。等做出名气后，订单就会源源不断。

 1.5 “种草”时代，AI写小红书评价就能轻松赚钱

2025年一开年，便有一条重磅消息引爆社交圈——外国人都开始玩小红书了！一时间，小红书日活量节节攀升。流量为王，有人的地方就有商机。各大品牌方纷纷将目光聚集在了小红书，那我们该如何抓住社交App“新顶流”小红书的风向，通过AI来实现变现呢？

提到流量变现，可能很多人多少都知道一些社交媒体变现的方式，比如做直播带货、自媒体运营接广告等，但这些方式，其实都是有着一定的门槛的，而且要付出大量的时间，甚至有许多博主的背后，是一个个自媒体公司专业的运营，这么一对比，我们这些普通人其实很难在其中分一杯羹。

这个时候，就需要你拥有一定的敏感与嗅觉，要知道不是所有的品牌都实力雄厚，能够投放许多广告、找很多大主播带货，一些小品牌往往预算有限，更愿意与素人合作，这就是我们的机会。

有人可能犯难：“在手机摄影非常方便的时代，为产品拍点视频和图片很轻松，但写出几百字的优秀文案太难了！”别急，AI能让写出优秀文案变简单。它就像一个大书库，帮你阅遍各种优质内容，我们只需要动动手指便能够获得满意的文案。

那么具体应该如何正确使用 AI 写出令客户满意的“种草”评价呢？

首先我们要找到合适的品牌方，得到免费试用的产品，拿到产品亲自体验，了解品牌方想要突出的产品，再结合自己的使用感受，就可以开始使用 AI 创作文案了。

举个例子：假如我们试用的是一款护手霜，品牌方要求突出护手霜的滋润、清新的香气，以及平易近人的价格。

有人可能就直接把这些要求输入进 AI 了，但得到的结果往往差强人意。想让 AI 写得像模像样，我们得给它更多“原料”。除了自己的使用体验外，也可以借助 AI 总结，如输入指令：“请你搜索总结网络上关于该护手霜的用户使用评价，截取关于滋润程度与香气的关键词。”

收集到了足够的内容后，我们可以把以上内容都讲述给 AI：“现在你是一位某品牌护手霜的用户，在使用时，你能感受到这款护手霜滋润但不黏腻，香味适中，结合刚刚总结的用户评价，写出一段 500 字的评价，内容适合学生等消费能力不算太高的对象，语言风格需平实自然，避免华丽的词语。”

通常情况下，你就能得到想要的文案了，当然在这个过程中 AI 可能也会出现一些失误，你可以将以上指令进行多次输入，或者按照之前学习的调整的方法来重新引导，多生成几个文案，将最优片段进行优化组合，熟练运用之后，你就会用更少的时间来完成“种草”评价的生成，快速生成多篇内容，发布到小红书并带上商品链接，赚取佣金。

1.6 用 AI 参与微博全员任务，蚊子腿再小也是肉

你平时刷微博时，是否看到一些人在发品牌的活动或者广告？那么他们为什么会发这些内容呢？自然是有利可图。有些品牌或者活动为了推广，就会在微博上发布“微博全员任务”。

微博全员任务就是品牌方或微博官方发布一些简单的小任务，比如让你发一条带某款产品测评的微博，或是参与某个热播电视剧的话题讨论。只要按照要求写好内容发布，通过审核后，就能领到几毛钱到几块钱的奖励。

可能你会说，几毛几块太少了，不值得花时间。但如果我们一天能完成十个、二十个任务，加起来也够一顿午饭钱了。而且这些任务通常要求不高，尤其是有了 AI 辅助后，几秒内就能写出任务要求的内容了。

1 找任务

打开微博 App 后点击“我”，选择“创作中心”，就能找到全员任务板块了。这里面有大量的任务，点击就可以查看详细的要求。如图 1–7 和 1–8 所示。

图 1-7　微博 App “我”页面

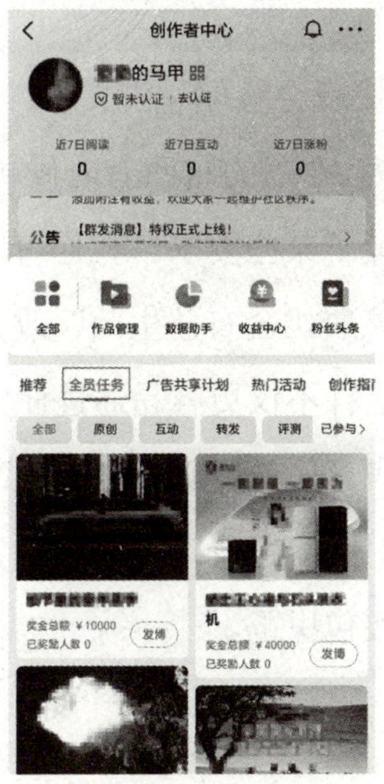

图 1-8　微博 App 创作者中心

发布什么内容，是分享使用体验，还是参与某个话题，必须包含什么关键词，是要带某个指定话题，有没有图片张数和字数的要求，这些要求一定要看仔细，因为等下你需要把这些要求告诉 AI。你说得越清楚，AI 写得越准确。

2 用 AI 生成内容

假设某个任务要求你写一条关于“某品牌酸奶”的微博，要突出它“好喝又健康”，必须带话题“# 每日一杯健康酸奶 #”，并且要 @ 该品牌官方微博。

你就可以这样告诉 AI：“请帮我写一条微博，内容是关于某品牌酸奶，要突出它好喝又健康，像普通用户的口吻。字数大概 100 字。请务必包含话题 # 每日一杯健康酸奶 #，并在微博最后 @ 某品牌官方账号。”

AI 很快就会给你一段文字，但需要注意的是——我们要给它“精修”。因为 AI 写的东西有时候可能不太自然，或者没完全理解你的意思，漏掉了某些要求。我们可以调整一下顺序，加点自己的感受，例如将“该酸奶含有益生菌”改为“每天下午茶喝它，肠胃真的变轻松了”，这样不仅更容易通过任务审核，也显得更真实。

修改满意后，就把内容复制到你的微博，检查无误就可以发布了。微博平台对内容进行审核无误后，就会在活动结束后把钱自动发放到你的微博钱包里了。

 1.7 流量就是金钱，AI+ 百家号发文赚收益

你有没有想过，网上大量的文章、新闻等内容的作者是怎么赚钱的？其实除了记者、编辑那些正式工作人员以外，还有大量普通用户通过一些内容平台发布作品，靠文章阅读量或平台奖励来变现。

和前面的微博全员任务类似，这种赚钱模式的核心就在于“流量就是金钱”。看你文章的人越多，你获得的收益就越多。下面我们就以百家号为例，看看如何使用 AI 在这类内容平台上获得收益。

首先我们来看下百家号的要求，想要开通流量收益，需要满足三个条件：实名认证、绑定银行卡、至少达到 100 粉丝，满足这些基础条件后就可以申请开通了，后面你发布的内容都可以用来变现。不要觉得 100 个粉丝很难，持续发布内容的话，这个数量很快就会达到。

1 找热门主题

想要发布内容，第一步肯定是得知道我们要发什么？我们可以用 AI 工具分析当前热门话题、关键词和用户的兴趣点，可以帮你找到有潜力的主题。比如输入：“请分析一下最近百家号上 20 ~ 40 岁人群之间的热门话题，并筛选出有持续讨论趋势的主题。”

2 生成内容框架

AI 可能会告诉你几个方向：比如职场就业、健康养生、消费与生活方式、婚恋与家庭等。接下来，我们就可以根据自己的兴趣爱好、实际情况，选择具体的方向进行下一步的细化。

例如，我们选择健康养生赛道的话，可以这样通过 AI 获取相关内容框架："请给我生成一篇教年轻人如何健康养生的文章，可以从养生方式（比如运动及饮食等）以及心理健康（比如怎么判断自身压力程度及如何缓解压力等）方面进行叙述。"AI 就会按照你所需要的内容，生成一篇文章。

3 配图优化

在百家号编辑后台整合文本内容时，可同步使用 AI 绘图工具生成主题配图。例如输入："生成矢量风格插画，表现都市白领利用午休时间进行办公室瑜伽的场景。"图文并茂的内容形态可使阅读完成率得到提升。

借助 AI，从找热门方向、细化选题到生成内容草稿和配图，整个内容创作过程变得高效多了。关键不在于完全依赖 AI 替你写，而是把它当作一个强大的帮手，帮你省时省力地搞定基础工作。

你真正需要投入的，是结合自己的判断去筛选、优化 AI 提供的内容，坚持发布符合百家号要求和读者口味的优质文章。这样持续做下去，粉丝慢慢积累起来，文章的阅读量上去了，收益自然也就跟着来了。说到底，就是用 AI 提效，用坚持和用心换流量，让写作这件事也能带来实在的回报。

1.8 公众号怎么写？AI 助你变身“爆款制造机”

微信公众号每天发布数百万篇文章，但真正能突破“10 万 +”阅读量的凤毛麟角。与注重时效性和流量转化的百家号不同，微信公众号平台的内容往往会更加深入，对逻辑深度、观点新颖性和信息价值要求更高，而这恰恰是 AI 可以大显身手的地方。

1 用 AI 找到爆款选题

传统找选题的方式如同“盲人摸象”：刷热搜、看同行、凭经验猜测——结果要么慢半拍，要么选题太冷门。如今，AI 工具能像雷达一样扫描全网热点，预测热门内容趋势。比如你想写职场类文章，可以直接问 DeepSeek：“根据最近一周数据，找出职场领域讨论度最高且未被充分挖掘的 3 个选题，要求结合微博、知乎、小红书的热门关键词。”

它可能给出“35 岁职场逃生计划”“2025 年 AI 可能取代的 10 种岗位”“反向背调公司攻略”等方面的内容。

2 AI辅助创作爆款内容

找到选题只是开始，写作才是挑战。一篇文章需要严密的逻辑，吸引人的观点，和可靠的数据支撑。而这些都需要人工去各平台收集整理，现在直接让AI进行联网搜索就可以得到一个完整的脉络。例如我们想要写年轻人存钱的话题，就可以在DeepSeek中提问："请为'年轻人为什么存不下钱'撰写5个不同角度的三级大纲，要求包含数据案例和反转观点。"

我们就可能得到隐性消费陷阱、工资涨幅与物价对比和社交媒体催生的"假精致"这样的多角度有支撑的内容。因为微信公众号的内容往往较为深入，所以需要我们根据AI给出的方向大纲，收集更多的材料信息"投喂"给AI，并进行人工反复打磨。

3 AI生成爆款标题

以前我们常常为了琢磨一个标题而绞尽脑汁，有时灵光乍现想出一个绝妙标题，有时却陷入无尽的自我怀疑。而AI能够在短时间内产出大量备选方案。我们不再需要苦苦等待灵感降临，而是可以从数十个AI生成的标题中挑选最合适的，或者融合多个标题的优点。

AI能同时驾驭多种截然不同的创作手法。比如你想写"办公室人际关系"这个话题，DeepSeek可根据你的提问条件快速产出如"同事帮我点了一周外卖后，我明白了一个职场潜规则""从工位陈设看同事性格的秘密"等各具特色的标题方案。

我们借助AI这种从选题到内容的一条龙辅助输出，就能节省更多创作成本。海量创作、优中选优，让爆款文章不再是稀罕事。

1.9 影评文案结构拆解，AI 辅助打造影评人设

你喜欢看电影吗？新电影上映后是不是很想跟朋友吐槽一下剧情，或者夸夸哪个演员演得好？把你的这些“看电影的感受”写下来，发到网上，就是影评。在这个人人都是自媒体的时代，影评内容已成为各大平台的热门赛道。无论是豆瓣的深度解析还是抖音影评账号，总能吸引大量关注。

然而对于大多数想要进入这一领域的创作者来说，从零开始创作高质量的影评内容并非易事。面对银幕上流转的画面，许多人即使有着强烈的观影感受，也难以将其转化为条理清晰、观点独到的文字表达。因此在这个领域，AI 工具也能够大显身手。

1 分析优质影评

首先我们要找到一篇高质量的专业影评，也可以是自己写的初步观后感，作为初始输入。一个优质的原始影评应包含电影基本信息、核心情节概述、主题与情感表达等方面。然后将影评全文或筛选出的关键段落发送给 AI 进行分析。

接着我们输入以下内容，让 AI 帮忙对这些优秀影评进行拆解和

分析："请帮我分析这篇影评，提取出它的格式，包括核心论点、角色分析、导演手法等。"

接下来，你就可以参考直接使用这个提示词，根据自己的情况进行改写。我们会得到一个清晰的拆解结果，如核心观点、角色解读、技术分析、情感与主题等。

2 适合不同平台

得到这个分析框架后，我们就要通过调整影评的重点来适应不同平台需求。

如果是抖音一类的短视频平台，那你的文案就要改得更加简短、有趣、有强话题性。这时你可以这样发送指令："请把这篇影评改写成适合3分钟短视频的短评，突出一个最引人争议或最有趣的观点，语言轻松活泼。"

如果是小红书这样的偏向情绪观点表达的平台，则可以偏重风格轻松和个人体验，可以发送例如："请把这则影评改写成小红书风格，加入一些个人观影感受，比如'我哭傻了''全场震惊'这样的情绪表达。"

像这样保持风格一致，在一个或几个平台上，持续发布你的影评，慢慢积累粉丝，就能逐渐形成"电影博主"或"影评人"人设。靠着这些持续上涨的流量和影响力，我们就可以获得收益了。

1.10 爆火剧本桌游杀，AI 助你高效创作

这几年剧本杀和角色扮演类桌游特别火，很多年轻人聚会时都喜欢玩。要问好玩在哪儿，或许是因为它能让大家放下手机，面对面交流，非常有参与感和沉浸感。

尤其是剧本杀，它不止在线下实体店火爆，在一些线上平台也同样畅销，例如“百变大侦探”“我是谜”等，因此也催生了大量的剧本交易产业。那你有没有想过，自己设计一套剧本杀呢？

我猜很多爱好者都有过这样的“梦想”，但是整个剧本的复杂程度极高，你不仅要构思一个完整的故事，还要在其中埋设线索、设置动机，编写出每个角色的剧本、安排游戏环节、写结局……不仅设计工程量巨大，还要确保逻辑严密、线索清晰。

自己从零开始，确实挺难的。好在 AI 能帮大忙。下面分三步说说怎么用 AI 高效创作，新手也能轻松上手。

1 选题和策划

想要成功变现，我们先要搞清楚现在玩家喜欢什么。比如你可以问：“请给我分析一下当前剧本杀线上 App 内，流行的剧本杀类型有

哪些？哪些主题更受欢迎？”

通过 AI 分析给出的回复，我们可以根据市场反馈和个人爱好迅速锁定一个主题，然后让 AI 帮你生成一个基础的大纲：“你是一名剧本杀写手。请写一个非常催泪的情感本大纲。故事发生在现代社会，一共需要 6 个角色，男女都要有。”

2 角色与情节设计

有了大方向，就该设计角色和故事线了。我们还是可以借助 AI 生成具有深度的角色背景故事和个人特色。比如你想写一个温柔的女主角，可以跟 AI 说：“帮我生成一个女主角，职业是老师，表面乐观，但心中藏着一段无法释怀的感情。”AI 会帮你补充她的职业细节、说话语气，让角色更立体。

再用 AI 绘制出完整的情节线索图，包括开端、发展、高潮及结局。你可以要求 AI 提供不同结局的选择，比如：“生成一个好结局，男女主最终解开了误会，重新走到了一起。还要生成一个坏结局，女主角决定追求自己的幸福，不再被过去所束缚。”这样玩家能体验不同走向，增加可玩性。

3 对话与互动设计

角色有了，剧情定了，我们就可以整体人工修整一下故事内容了。由于剧本杀涉及很多互动内容，接下来就可以让 AI 帮忙写对话或游戏环节。比如你需要一场 “多年后重逢的争吵戏”，就可以直接告诉 AI：“帮我设计一段对话和互动，角色甲和角色乙曾经分手，现在见面要体现出遗憾和不甘。”

AI 会根据角色性格生成符合人设的对话，比如内向的人可能说半句留半句，急性子的人可能直接爆发，省去自己琢磨台词的时间。

先用 AI 抓热点定主题，再让 AI 帮你细化角色和剧情框架，最后用 AI 生成具体对话场景，全程像开了个“创作加速器”。用这个方法，新手也能快速写出专业的剧本。当然，关键要把 AI 生成的内容和自己想法结合，比如加点个人经历或独特设定，这样剧本才更有灵魂。

第 2 章

AI 辅助绘画，有审美就能当“艺术家”

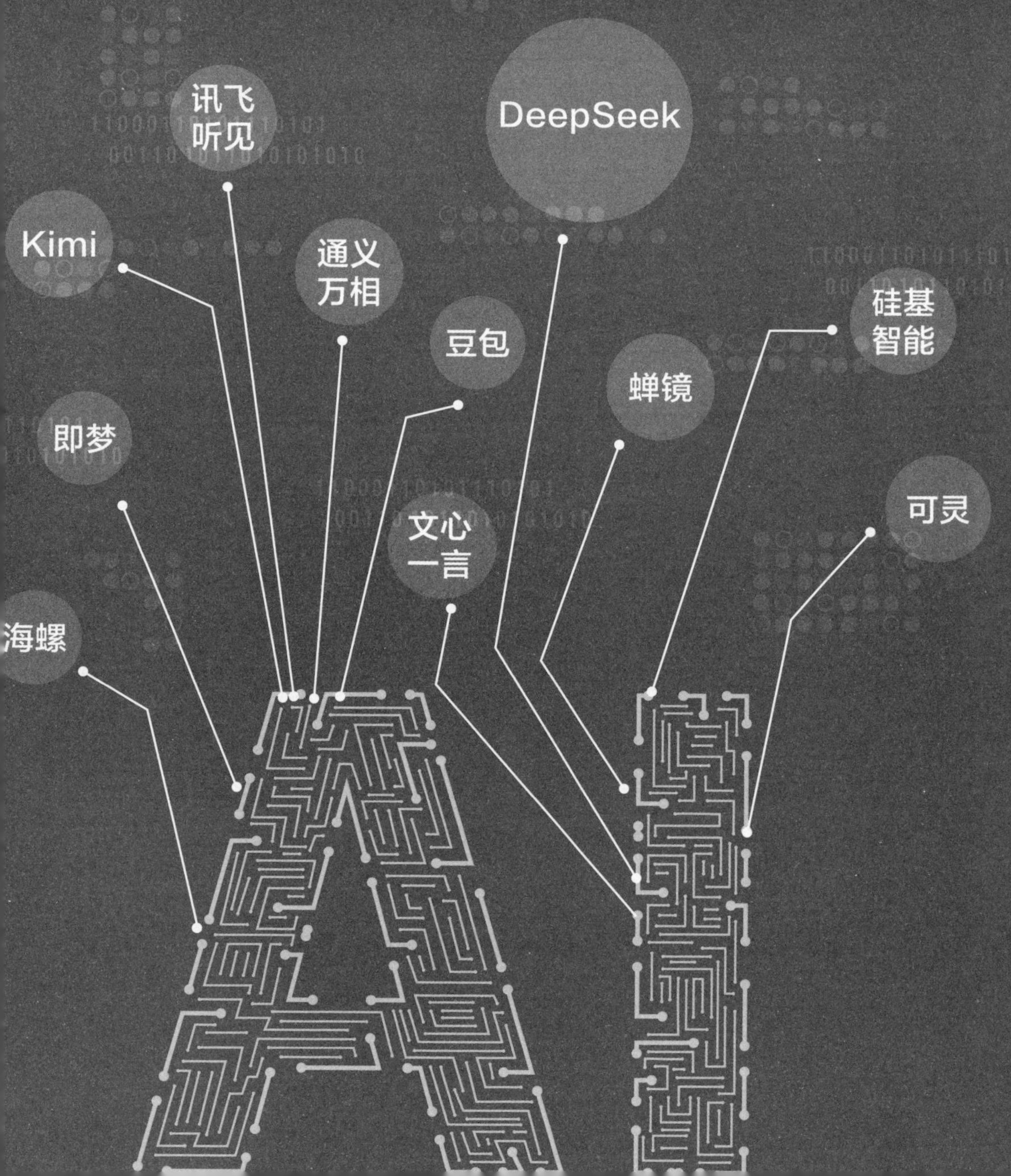

2.1 AI 绘画变现揭秘，如何让画作换成真金白银

凌晨三点，城市早已沉入梦乡，但设计师小林的工作台前依然亮着灯。她在 Midjourney 的输入框里敲下了精心构思的第 37 版关键词组合。按下回车键后，仅仅几十秒，屏幕上赫然出现了一幅融合未来科技与东方水墨韵味的城市景观，光影流转，细节惊人。小林的心猛地一跳，这样的作品在过去需要她耗费一个多月的心血才能完成，而此刻，AI 几乎在瞬间就将其呈现。

这并非科幻，而是当下许多创作者的真实写照。当 AI 绘画让“一键出图”成为触手可及的现实，巨大的创作便利性自然引出一个迫切的问题：这些瞬间生成的画作，能否为我们带来实实在在的收益？许多人满怀憧憬地尝试，却发现直接售卖图片的利润微薄如纸。

在这个几乎全民都能借助工具成为“创作者”的时代，工具本身不再是稀缺品，真正稀缺且值钱的，是驾驭这些工具、挖掘其深层价值的智慧。

深入观察市场需求，我们会发现两种更具潜力和可持续性的变现路径，它们能帮助你在 AI 创作的浪潮中站稳脚跟，找到属于自己的突破口。

1 Prompt 交易

Prompt 就是提示词，在 AI 平台生成画作必须有指令，告诉它你想画什么，什么风格，什么细节。听起来很简单，但是同样的 AI 工具，不同的人用，却会出现不同的结果。关键就在于 Prompt。

能写出一个能稳定生成高质量、特定风格图片的 Prompt，是需要花心思研究和测试的，很多人懒得研究或者弄不明白，但他们又想用 AI 出好图。怎么办？就会去买现成的 Prompt！所以我们可以花一些时间研究明白，整理出一些高质量、针对特定场景的 Prompt，打包成一份资料，就可以进行售卖。

为什么有人会买 Prompt，而不是直接买别人画好的画作呢？因为买画毕竟买到的是成品，购买提示词后可以自己用来创作，这种亲手创作出内容的成就感和买画是完全不同的，而且价格相对便宜。

2 AI 绘画定制

无论技术如何发展，人性中对“独特”和“专属”的渴求永远不会消失。AI 绘画的普及，并未消灭定制需求，反而因门槛降低，让更多人产生了“我也想要点不一样的”想法。

谁需要这类服务？需求比你想象的更广泛：有想将萌娃可爱模样变成 Q 版头像或挂画的宝爸宝妈；有想为宠物定制拟人肖像或艺术照的“铲屎官”；有需要情侣头像或纪念插画的情侣夫妻；有想定制游戏角色的游戏玩家；也有想具象化笔下人物的小说爱好者。小微企业和个人创业者同样有需求，比如寻找独特且成本可控的原创头像、Logo 设计（需注意版权风险并明确告知客户）、社交媒体配图、宣传海报或店铺装饰画。

利用 AI 提供定制服务的核心优势在于速度和效率。相比传统手绘或复杂设计流程，AI 能快速生成多个方案供客户选择，大大缩短交付周期，同时成本也相对可控，你的主要投入是时间和 Prompt 技巧。开展定制服务，需要明确服务范围与边界，建立高效的沟通流程精准捕捉客户需求，然后利用 AI 生成初稿，结合你的审美和经验筛选出最佳方案供客户挑选，再根据反馈进行针对性优化或简单后期处理。

你的价值核心在于“筛选”“引导”和必要的“精加工”，而非完全依赖 AI 一键出图。定价可根据复杂度、用途、修改次数等因素灵活制定。服务交付后，更聪明的做法是利用这些 AI 生成的独特设计，开发实物周边产品，开辟第二收入曲线。你可以开设线上小店，在淘宝、拼多多或微店售卖印有作品的手机壳、帆布袋、T 恤、挂画等；也可以利用闲鱼等平台尝试；线下则可以参加创意市集或夜市摆摊，实物展示往往更能打动人；或与咖啡馆、书店合作寄售。做周边销售需注意，选品要适合印刷且需求大，找到靠谱的供应链（如一件代发模式）是关键，同时也要注重产品的实物展示和营销，讲好设计背后的故事。

AI 绘画，给了我们一个全新的机会，把你的创意和想法变成看得见的图片，再把这些图片变成实实在在的收入。未来已来，最先赚钱的人，是教别人用这个技术的人，也可以是驾驭这个技术的人。

2.2 AI 绘图工具深度解析，MJ、豆包谁更强

上一节我们探讨了 AI 绘画变现的方式，相信不少人已经跃跃欲试、想动手一试了。但在网上一搜“AI 绘画”，一下子出来一大堆平台：Midjourney、GPT-4o、豆包……看得人头都大了。到底该用哪个？哪个才是适合自己的？

这个问题，其实没有一个标准答案。就像问“汽车和摩托车哪个好”一样，要看你自身的需求偏好。接下来我们就来扒一扒比较热门的几个 AI 绘图工具，深入了解下这些平台的优劣吧。

1 Midjourney（MJ）

Midjourney 是很多人心目中的“AI 画图天花板”，以极强的艺术风格受到广大艺术家、插画师、设计师的喜爱。它基于 Discord 运作，操作存在一定门槛，但产出的图像非常惊艳。如图 2-1 所示。

图 2-1　Midjourney 主界面

优点：风格多变，艺术感很强，特别擅长生成充满想象力、艺术范儿，或者“赛博朋克”、奇幻风格的图片，质量很好。版本更新很快，每次都有新功能，而且社区 Prompt 范例丰富，容易上手。

缺点：使用成本高，需订阅付费。很多指令和社区交流还是以英文为主，对不习惯英文指令的人来说有点麻烦。

2 GPT-4o

其实就是 ChatGPT 的升级版本，付费后支持产出图片生成功能，且对指令的理解能力大幅提升了。

优点：支持图文同时生成，适合漫画、小剧场创作者。图像表现接近 MJ，风格统一性较强。

缺点：和 ChatGPT 一样，账号注册有门槛，且需要订阅付费使用。

3 豆包

前面介绍过豆包这个 AI 平台，除了可以生成文字外，豆包也支持直接生成图片。

优点：免费使用，对中文的理解能力较好，门槛低，适合新手快速出图。

缺点：使用多次后会发现图像风格略趋同，艺术张力弱。不适合精细、复杂化的图片产出。

选择工具，本质上是在选择你实现创意的路径和投入的综合成本（金钱、时间、学习精力）。不用纠结于“谁更强”，可以先问问自己：“我主要想用它来做什么？”“我愿意投入多少？”“我最看重什么（是极致的画面、完全的控制、便捷的操作还是成本）？”弄清了这些，最适合你的工具答案自然浮现。

AI 绘图的世界日新月异，今天的强者明天可能就有新的挑战者。重要的不是押注于某个工具永远称王，而是理解它们的特性，选择能更好地服务于你创意目标的那一个。

2.3 如何用 AI 精准生成符合需求的画作

前面我们知道了 AI 绘画能变现，也了解了一些常用工具。现在问题来了：你该怎么让这个 AI 听懂你的话，画出你脑子里想象的画面？

其实关键点还在提问方式上，这就像你去饭店点菜，如果说：“随便来个菜”，厨师可能只会给你炒个青菜。但如果你说：“来一份宫保鸡丁，鸡肉滑嫩，花生米要脆，微辣，不要葱。”那厨师就有了目标，知道怎么做了。

在 AI 绘画里，学会撰写提示词非常重要，很多玩 AI 绘画的人把它亲切地称为“咒语”。那咒语该怎么念？接下来，我们从三个核心步骤入手，教会你如何用 AI 精准生成符合需求的画作。

1 建立明确的目标

AI 毕竟不会“读心术”，它只会根据你给的提示词理解、分析。所以第一步要做的，是梳理清楚我们的目标。可以从这几个方向考虑。

（1）用途：这一步就和我们在接单前先明确客户需求是一样的，如果你在头脑一片空白的状态下使用 AI 绘图工具，自然是得不到想要的画作。明确用途是精准沟通的起点，比如是用于商业插画、个人头像还是手机壁纸。

（2）主体：也就是你主要想画什么，一个人，一只狗，还是一棵树。但是我们给出的描述需要更加具体，比如画人的话，你可以说“一个穿着红色连衣裙的女人”。与主体密不可分的还有场景和动作，这个女人在什么地方，在海边快乐地度假，还是在卧室里安静地读书。

（3）风格：如果说前面那些内容还只是通用性的提示，那么风格就是能让你的画作变得与众不同的重要部分。你可以给 AI 输入一些艺术风格、艺术流派，甚至给出一些艺术家的名字，如“印象派风格”或“毕加索风格”。

2 输入 Prompt

和文字生成类 AI 不同，绘画的提示词往往是很多个用逗号分隔的关键词组合，你需要像搭积木一样，将构思的关键词按逻辑顺序组合。但需要注意的是，Prompt 不是越多越好，而是要按顺序给出符合需求的内容。

我们可以按照“主角—动作 / 场景—风格和氛围”这个顺序来写提示词。假设你想画一张日本动画片中的可爱柴犬，就可以这样输入：“一只可爱的柴犬，穿着小马甲，坐在铺满秋天落叶的公园长椅上，日式动画风格，鲜艳的颜色，柔和的光线，高清细节。”以豆包 AI 为例，如图 2-2 所示。

一只可爱的柴犬，穿着小马甲，坐在铺满秋天落叶的公园的长椅上，日式动画风格，鲜艳的颜色，柔和的光线，高清细节

接下来我将生成四张日式动画风格的图片，图片主体是一只穿着小马甲的可爱柴犬，它坐在铺满秋天落叶的公园长椅上，画面颜色鲜艳，光线柔和，有高清细节。

图 2-2　豆包生成画作

3 迭代 + 参考图完善细节

做完前面这些步骤之后，可能你会发现，还是无法一次性得到想要的画作。别急，还有一些小技巧。

（1）迭代优化：即小范围地修改你的 Prompt，比如人物的表情可能不太对，你想要微笑的人物，AI 却给了你大笑的人物，那么你就可以更换其他表情关键词，一点点刷新调整。

（2）利用好参考图：参考图不仅可以帮助你激发灵感，还可以帮助你提升效率。很多 AI 绘图平台都支持上传图片，可以理解为 AI 会以上传图片为基础，再结合你提供的关键词生成类似的图片。

当你能够将脑海中模糊的想象，分解为可被 AI 理解的具体元素、关系和风格指令，并懂得如何根据反馈进行精细调整时，AI 就不再是一个难以捉摸的“黑箱”，而真正成为你手中强大且可控的创意伙伴。持续练习这种沟通方式，你就能越来越自如地将心中所想，精准地投射到 AI 生成的画布之上。

2.4 AI 修复老照片，精准变现

你家里有没有一些老照片？像爷爷奶奶年轻时候的合影、爸爸妈妈结婚时的旧照片、小时候模糊不清的“黑历史”……这些照片可能已经泛黄模糊，但承载的却是我们无价的回忆。

那么，商机就这么来了。人们往往对这些承载着家庭记忆的老照片有着很深的情感需求，如果有一项服务能够让这些照片从模糊变得清晰、从黑白到焕发生动色彩，相信有很多人愿意花钱让这些珍贵的照片“重获新生”。

别以为这需要下载安装很复杂的软件，现在有很多 AI 修复老照片的工具或手机 App，你只需要打开网页或 App 上传照片，AI 就会自动帮你处理了。下面我们以 360 智图为例，了解下制作步骤。

1 把照片变成电子版

如果是纸质的照片，可以用你的手机摄像头拍一张。尽量在光线好的地方拍，拍得清晰一点，画面要方正，别歪七扭八的，也尽量不要有阴影。如果家里有扫描仪就更好了，扫描出来的照片会更平整。

2 上传照片修复

在360智图中的“老照片变清晰”选项中上传照片，等待处理。如图2–3所示。

图2–3 360智图老照片变清晰功能界面

如果感觉效果不好或者需要微调，你可以试试换个AI工具再修复一遍。如果条件允许，你也可以用一些简单的修图软件调整一下亮度、对比度，让画面看起来更有质感。

我们可以先用自己的一些老照片练手，然后把对比成果发到小红书等社交平台来接单。配上一些感人的背景音乐或文案，比如“别让记忆随着时间褪色”“爷爷年轻时的样子原来这么帅”“把奶奶的青春找回来”等，并带上“老照片修复”“记忆”“家庭”“情怀”“AI修复”等话题，吸引那些刷到视频有共鸣的人来咨询你。同时，注意在你的个人主页放上联系方式，引导他们加你微信细聊。

除了直接做照片修复以外，还可以提供一些增值服务，比如帮客户把修复好的照片冲印出来、装好相框再寄过去，或者帮他们把照片做成简单的电子相册或短视频，或许可以赚取到更多收益。

这份工作既能赚钱，又十分有意义。在人人皆可随手拍照的数字时代，那些需要修复的老照片反而显得尤为珍贵。因为它们稀缺，承载的情感才更厚重。用心去理解每一张照片背后的故事，用技术去精心修复它，你收获的将不仅是客户的酬劳，更有那份助人“重拾时光”所带来的、独一无二的满足感。

2.5 用四维彩超图像，输出宝宝未来长相

在成为准妈妈或准爸爸之后，很多人都会对肚子里孕育的小宝宝感到好奇，想要知道小宝宝是不是健康，也格外想提前“看见”宝宝长什么样。

以前大家只能靠猜，或者看看父母、长辈的样子来想象，但现在已经能用 AI 实现这个“黑科技”。通过 AI，你可以将四维彩超里宝宝模糊的面部轮廓，变成一张清晰的、模拟出宝宝未来某个时期样子的照片。

不过从科学层面来说，这个预测并不是百分百准确，毕竟胎儿发育受遗传、环境等多因素影响，AI 不是真的能“预测”未来，只是基于给定的四维彩超图像，结合 AI 学习到的人类面部发育特征的知识，进行的合理推测。因此在做这个服务之前，务必要向客户明确说明：生成的图像是 AI 根据四维彩超图模拟的结果，是一个有趣的预测和纪念，并非宝宝未来真实的模样。这样有助于管理客户的预期，避免后续纠纷。

下面以 MJ 为例，我们来看下具体的操作步骤。

1 图片收集

和客户要一张清晰的、怀孕 24 周左右的彩超图。优质的原始图像是精确模拟的基础，尽量选择轮廓分明的面部无遮挡的版本。

2 输入指令

①上传图像并获取连接：

先将彩超图上传到 MJ 对话框中，并右键复制该图片的地址，这样 AI 才会知道以什么为蓝本进行演化。

②理解参数逻辑：

那么如何控制相似程度呢？这里我们介绍一个 MJ 中特有的概念——参数，意思是我们在 AI 生图过程中可以给出一些要求，比如画面比例、图像质量等。

本案例中使用的参数是“--iw”，它的意思是“image weight”（图片权重），也就是告诉 AI，在生成图片时，应该更多地参考彩超图还是文字描述。因此 --iw 后面需要跟一个数字（0 ~ 10），数字越大表示图片越重要，比如 --iw 2、--iw 5。

③组合关键词指令：

除了图片外，我们还需要描述想生成的画面，可以拆成很多小的关键词，用逗号隔开输入，如：

[彩超图链接地址] 3d newborn chinese, baby photography, four months old, cute baby style --iw 5.

翻译过来，对应的意思是：3D 立体的中国新生儿，婴儿摄影，4 个月大，可爱的婴儿风格，中等程度参考图片。

那么在 AI 看来，这个提示词就是在说：看看这张四维彩超图，以它为基础，生成一个看起来像四个月大中国宝宝的 3D 立体写实照片，风格是可爱的摄影风。在生成的时候，四维彩超图对生成结果有中等程度的影响。

3 精修

毕竟 AI 生成的图不一定完全符合客户需求，需要调整细节（如五官比例、肤色等），可使用 Photoshop（简称 PS）等工具进行后期处理。

学会了操作步骤，下面就是找客户了，这项服务的客户群体非常明确——准备迎接新生命诞生的夫妻，以及他们的家人。因此我们可以加一些“妈妈群”“育儿交流群”等，在里面发布你的广告，也可以去一些母婴相关的 App 社区内进行推广。

此外，在社交平台上有关 # 宝宝未来长相 # 的话题热度也非常高，一条 AI 渲染的未来宝宝视频，往往可以获得数万点赞。和修复老照片的案例一样，我们也可以制作一些对比图来吸引眼球，并配上吸引客户的文案，例如“只需一张四维彩超图，AI 还原宝宝未来萌样”，来强调服务的趣味性和纪念意义。

2.6 个性化头像接单，轻松月入上千元

在社交网络极其发达的现在，个性化头像已成为社交名片的重要载体，一个看似简单的小图片，却能够瞬间传递信息，表达人们的个性和心情。但很多人看腻了普通的照片，也不想使用从网上下载的“网红图”，这时候，融合个人特色的“定制头像”就火了。它不是那种真人拍照的艺术照，而是把你的想法或者照片，变成一个独一无二的图片作为头像。下面来看一个案例，看看如何通过个性化头像接单获取收益。

小刘是一名插画师，业余时间喜欢研究各种 AI 工具。起初，他只是想做一个副业，但一直没有什么好的方向。于是，他运用 DeepSeek 帮他筛选分析了定制头像的用户的留言，发现了三个思路：

（1）虚拟主播人设：比如一些二次元主播形象画面。

（2）企业数字员工：大中企业有低成本 IP 形象塑造需求，用于公司企业宣传。

（3）纪念性头像：比如宠物拟人、真人照片转漫画等。

随后他开始在小红书上开了个小店，把自己的定制头像服务分为

三类：

（1）19.9 元基础定制头像：仅提供线稿 + 上色。

（2）199 元升级定制头像：加入专属背景及一些特定元素。

（3）699 元高级定制款头像：可以选择多种风格，并提供全套三视图及 VI 延展。

这种分层定价的方式能够满足各类消费人群的需要，前三个月，小刘累计接单 32 单（基础款 20 单、升级款 10 单、高级款 2 单），收入近 2 万元。

小刘的成功，固然得益于他作为插画师的审美基底和 AI 工具的效率加持，但更深层的原因，在于他敏锐地捕捉并分层满足了这种差异化表达需求。无论是 19.9 元的基础款满足"尝鲜"与基本个性展示，还是 699 元的高级款为企业或个人 IP 提供系统化视觉支持，其本质都是在出售"独特性"和"专属感"。

用户购买的，不仅仅是那张图片，更是那份"这是我专属的视觉身份"的满足感，以及它背后可能带来的社交认同或品牌价值。

这给我们的启示是：利用 AI 做头像定制变现，技术是工具，核心能力在于对用户需求的洞察、服务的差异化设计以及价值的精准传递。

AI 大大降低了图像生成的门槛，但它无法替代你理解"为什么用户需要这样一张头像"。你需要思考：目标用户是谁（是追求个性的年轻人，是打造人设的主播，还是需要企业形象的中小公司），他们的核心诉求是什么（是可爱有趣，专业可靠，还是情感纪念），你能提供什么层次的服务来匹配不同预算和需求。清晰定位，分层定价，并清晰地告诉用户每一层服务能为他们带来的独特价值（比如基础款：快速拥有专属卡通形象；高级款：全方位塑造您的品牌视觉名片），才能有效吸引目标客户。

即使你不是专业插画师，像小刘一样利用豆包、即梦等易上手的国内 AI 工具起步，同样可行。关键在于将 AI 视为你实现创意的“加速器”而非“替代品”。

投入精力去理解不同风格的特点，学习如何通过提示词引导 AI 生成更贴合用户个性的效果，更重要的是，培养你解读用户需求、设计服务产品和沟通价值的能力。

当你能够帮助用户将他们模糊的“想要一个不一样的头像”的想法，转化为一个具体、独特且能代表其身份或情感的视觉符号时，你就真正掌握了这门生意的核心。

2.7 AI 批量生成壁纸，如何上架变现

你有没有计算过，自己每天要看电子屏幕多少次？不管手机、iPad，还是电脑，每次解锁屏幕，首先映入我们眼帘的就是壁纸。那你有没有购买过手机壁纸呢？可能很多人不理解：这么简单的东西还有人付费？事实上，这个市场需求超乎想象。根据工信部 2023 年监测数据，中国城镇用户日均触发手机屏幕操作约 64 次。试想一下，普通人每天打开手机频次高达 64 次，壁纸早已不是一张图片，而是堪比手机壳的个性化配件。

求新、求异、求快，是当代年轻人普遍的追求，许多人甚至会每天更换壁纸。市面上一些手机系统的壁纸中心也非常完善，只要上传原创图片就有机会通过用户付费下载得到收益。

壁纸跟其他定制化产品（如手机壳）不同，通常来说门槛更低且更新频率更高，非常适合 AI 批量绘制。可以参考以下步骤。

1 输入 Prompt

这里我们来一个万能模板：“×× 风格的手机壁纸，以 ×× 为主题，垂直格式，9:16 比例，高清，简约设计，适合锁屏使用。”

看着有点抽象，举几个例子你就懂了，比如你想做极简风的壁纸，就可以输入“极简主义手机壁纸，以几何图形为主题，蓝色渐变背景，垂直格式，9:16 比例，高清，适合锁屏”；如果你想做艺术风的，就写“梵高星空风格手机壁纸，以星空为主题，垂直格式，9:16 比例，高清，富有艺术感，适合锁屏”；如果是偏可爱卡通的，可以说“二次元风格手机壁纸，可爱猫咪为主题，粉色系，垂直格式，9:16 比例，高清，适合锁屏”。

2 壁纸优化

我们可以使用 PS 或其他修图软件对壁纸进行微调，比如调整下色调、去掉一些瑕疵。此外，不同机型的手机或平板尺寸也不同，最好再裁切出不同尺寸的图，以适配更多用户，比如：1080 × 2340 像素、1170 × 2532 像素、1284 × 2778 像素等尺寸。

单纯的壁纸图片平铺可能没有那么吸睛，你也可以准备一些手机屏幕样机，把图片导入做成壁纸预览图，让买家可以直观地感受壁纸的效果。

3 上架平台

你可以选择 Wallpaper 等平台或手机品牌自带的壁纸中心去上架你的壁纸，不过这种地方往往竞争比较激烈，还是建议建立几个社交账号，如小红书、抖音等，进行壁纸展示和发布。这些平台一般也都可以开通个人店铺，直接挂上商品链接就能售卖了。

4 营销思路

酒香也怕巷子深，光有壁纸不行，我们也要做一些营销活动，比如节假日主题的限时折扣等。除了社交平台外，你也可以在一些知识分享型平台，如微博、知乎等地方发布一些预览图、教程，再配上文字，比如“一分钟教会大家制作热门的 ×× 风格壁纸”，来吸引更多的粉丝关注。

总之，利用 AI 做壁纸变现，技术操作是基础，更关键的是对“情绪美学”和“个性表达”趋势的敏锐捕捉与服务设计。你的 Prompt 库需要覆盖广泛的情绪场景（如治愈、专注、活力、怀旧、酷炫）和审美风格；你的优化和呈现（如使用样机预览）需要让用户能直观感受到这张壁纸“装”在自己手机上的情绪氛围和个性效果；你的营销（如节日主题、热点跟风）需要紧扣用户此刻可能想要表达或感受的特定心境或身份认同。平台竞争激烈？那就更需要你在社交账号上构建独特的视觉品味和情绪价值主张，吸引那些与你“同频”的用户。

2.8 每逢年节红包热，AI 辅助红包封面创作

我们中国人最看重什么？节日气氛。一到这个时候，大家最开心的事莫过于发红包、收红包，图个吉利和喜庆。不同于以前大家都发实体红包，如今发微信红包早已成为主流，而红包封面的个性化需求也随之爆发——这些好看的封面让发红包这件事变得更有趣，甚至有的人专门加入人多的群里发红包，就为了“秀”一下自己的封面。

这不就是个赚钱的机会吗？尤其是在过年、情人节这种发红包集中的时候，大家对于独特红包封面的需求就噌噌往上涨。今天就跟大家分享一下，如何用 AI 辅助制作一个好看的红包封面。

1 明确红包封面的尺寸

微信的红包封面有严格的尺寸要求，一般在官方平台就可以搜到，是 957 × 1278 像素。如果你希望设计得更为有趣，也可以增加封面挂件和气泡挂件。

2 提前追热点

和前面的案例不同，红包封面的时效性很强，等到客户来买时

再设计就已经来不及了。我们需要提前一两个月，甚至更早，开始用 AI 生成各种节日主题的图片。比如过年设计龙、灯笼、福字、年夜饭等元素，中秋节就以月亮、玉兔、月饼、嫦娥等为主题。多生成一些不同风格、构图的图，在上面加上一些祝福语。

3 上架平台

微信红包封面平台提供完善的操作指南。按要求填写内容并提交后，就可以等待审核通过。不过要上传封面，官方平台通常会有一些要求，比如完成企业认证的微信公众号或视频号用户，或满足粉丝达 100 个的视频号 / 公众号个人用户。如图 2-4 所示。

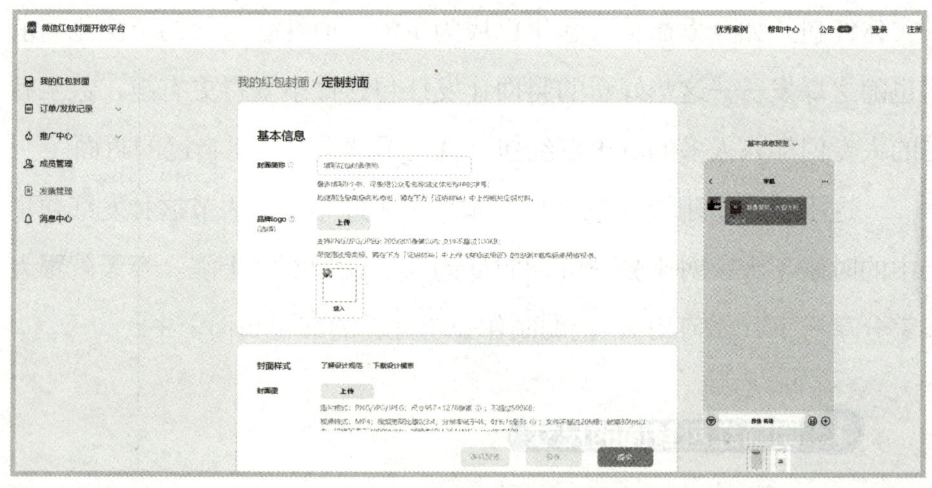

图 2-4 微信红包封面平台“定制封面”页面

借助 AI 工具，设计一个吸引人的红包封面门槛其实降低了不少。关键在于提前规划和利用好工具。只要按照步骤，提前准备好符合节日氛围的 AI 设计稿，再花点心思解决平台的小门槛，你就能抓住节日热点，把自己的创意变成实实在在的收益。越早准备，选择越多，机会越大。趁着下一个节日高峰还没来，不妨现在就动手试试，用 AI 设计几张独特的红包封面，说不定就能开启你的一个小副业之路了。

2.9 不会画画也能做表情包？微信表情商店上架指南

相信现在的年轻人每天在微信聊天时，最离不开的就是表情包了。一个有趣的表情包，有时候顶得上十句话，能直接表达出我们的心情。大家平时用的表情包，有些是微信自带的、有些是别人发的你存下来的，还有一些是你在微信表情商店里下载的。

微信表情商店里有各种各样的表情包，有的可爱萌趣、有的搞笑搞怪。其实这些表情包大部分都是像你我一样的普通人，自己做出来，上传到商店里给大家下载用的。如果你的表情包很受欢迎，用户可通过“赞赏”功能给你打赏，你就能赚到钱了。一些特别热门的表情包作者甚至能通过持续创作实现财富自由。

接下来我们以 GPT-4o 为例，一起了解表情包生成的秘密。

假如你有一只可爱的小猫咪，想要以它为例，制作一套可爱的表情包。那我们就可以把小猫的照片上传，让 GPT-4o 把小猫换成动漫风格，这样你就得到了一张动漫风的小猫图片，会比较容易进行各种表情的延展。接下来我们可以上传九张微信常用的经典表情，输入指令：“分别提取这九个表情包的表情、动作、文字、主题，用前一步生成的动漫风格小猫角色重新演绎模仿，生成一个九宫格表情包图片，保持九张图是同一只猫。”

如果你对生成的动作或表情不满意，也可以多重复几次，然后选出你最喜欢的几张图，添加文字后制作成一套小猫表情包。一般的微信表情包需要最少 8 张图。

做好了表情包后，我们就该上传到微信表情开放平台了。前往官方网站注册好账号以后，我们可以按照要求进行内容的上传。一般会需要上传表情大图（8 ~ 24 张，240px × 240px，动态图 ≤ 500KB，静态图 ≤ 500KB）、表情封面图（240px × 240px）、详情页横幅（750px × 400px）和聊天面板图标（50px × 50px）。

提交了图片后，还需要填写表情包的名字、适用场景等内容。全部搞定后就可以等待审核了，审核通过后，开通赞赏功能，就可以赚到打赏了。如果一套表情包不火也没关系，我们可以多尝试不同的主题、不同的风格。建议关注微信表情商店的热门趋势，结合节日、流行语等主题调整风格。持续创作，总有一款可能受到欢迎。另外需要注意的是，要根据微信表情开放平台最新规定核实文件尺寸与格式要求，确保内容合规。

行动是第一步，坚持是第二步。即使没有专业的美术功底，借助像 GPT-4o 这样的 AI 工具，加上一点创意和耐心，制作一套属于自己的表情包并上传到微信表情商店，是完全可行的。核心就是用好工具辅助创意，严格按照平台要求准备素材，并且保持持续尝试的热情。现在就打开 AI 工具，试试把你的想法变成表情包吧！说不定下一个受欢迎的表情包作者就是你。

2.10 AI 辅助修图，一键生成艺术大片

你是不是偶尔会刷到网上那种特别酷炫的图片？博主把一张普通的生活照，直接 P 成像电影海报一样的大片。当你也有一张图片需要修改时，先别急着打开 PS 这些专业软件，把照片发给 AI，它可以更快速地帮到你。

下面就跟大家分享一下如何用 AI 辅助进行修图。

1 基础准备

图片的选择很重要，我们需要尽量选择一张人像清晰、光线不是太差的照片作为基础。最好是人物主体比较突出的，方便 AI 识别和处理。

接下来我们可以利用 AI 进行一些基础的美化和塑形，像美图秀秀、醒图这些修图软件中，一般都有内置“AI 美颜”“塑形”等功能，根据你自己或客户的需求微调脸型、身材。

2 AI 风格化变艺术大片

如果需求不高的话，我们可以直接打开像美图秀秀的“AI 绘画”

或其他 AI 风格化 App，把刚刚处理好的照片上传，选择一个艺术风格，如油画风、赛博朋克风、漫画风等，让 AI 一键自动生成。如图 2-5 和 2-6 所示。

图 2-5　AI 风格化 App

图 2-6　AI 绘画

如果想效果更独特可控，我们可以前往一些支持图生图的 AI 绘画平台，上传人像照片，并用文字描述你想要的风格和效果，让 AI 生成艺术图。

3 人工微调和完善

AI 生成的图片可能不是百分百完美，需要你进行最后的打磨。比如它可能在头发、手指、衣服边缘处理得不好，或者背景融合得不太自然。先调整整体颜色、亮度、对比度，再修复细节瑕疵，让人物和背景看起来更融合，更有艺术感。

那用AI人像修图怎么变现呢？当然是提供“AI艺术写真定制”“AI照片风格化”服务。这个服务的核心卖点是：“不会 PS 也能出艺术大片”“让你的照片变身 ×× 风格”。它抓住了大家爱美、爱秀、追求个性化的心理需求，利用 AI 技术降低了制作门槛，让我们这种不会 PS 的普通人也能成为创作专业级的视觉作品。掌握了这个技能，你就能轻松为别人带来变美、变酷炫的体验，同时为你赚取一份不错的收入。

AI 修图工具的出现，彻底改变了普通人处理照片的游戏规则。它不再是专业人士独享的复杂技艺，而变成了一种便捷、直观的表达方式。当你看到一张普通的生活照，在 AI 的巧妙“画笔”下，瞬间拥有了电影海报般的质感，这本身就充满了惊喜和可能性。这不仅仅是技术的便利，更是一种赋能，让每个普通人都能轻松触摸到艺术创作的边界。

因此，提供“AI 艺术写真定制”或“AI 照片风格化”服务，本质上是让客户体验升级。我们可以用最低的门槛，帮助客户实现照片从“记录日常”到“表达态度”的华丽转身。

2.11 文字设计没思路？AI 多种风格任你选

说实话，做设计最难的不是排版、不是修图，而是绞尽脑汁地想：上面的字怎么写才有“feel”，客户可能只说了一句“你自由发挥吧”，你却瞬间陷入“我是谁？我在哪？客户到底想要什么？”的深渊。这时候，AI 就像一个自带“灵感 buff”的队友，拍拍你肩膀：“别急，我有招。”

想要展现可爱风格？没问题，AI 能为你生成奶油体，既 Q 弹又软萌；追求酷拽风范？金属质感与渐变闪光效果，一键即刻呈现。无论是复古风、日系风格还是赛博朋克，AI 就像文字设计的万能宝库，总能精准匹配你的需求。它还能根据你的海报内容自动调整风格，并且顺带美化你的品牌 Logo。再也不用盯着空白画布瞪眼发呆，一开 AI，脑海瞬间蹦出十个“我可以”。

下面就以 GPT-4o 为例，教大家两步生成文字设计。

1 确定风格

客户毕竟不是专业设计师，很多时候可能只会提出一些模糊的需求，比如：“我想要那种带点神秘感的字体。”这时我们可以利用

AI 生成多种样式，拿着已有的风格再去沟通，效率就会提高很多。

2 输入提示词

确认了风格后，将客户提供的参考字体图片上传，并输入提示词：“请参考此图的字体设计风格，生成‘×××’文字，风格相似度需达 90%。”

另外，正如原文提到的，像 GPT-4o 这类由国外团队研发的工具，在处理中文字体设计的精准度（尤其是复杂字形、书法韵味、本地化审美）上，有时可能不如一些专注于中文市场的 AI 工具，如“即梦 AI”“通义万相”“意间 AI”等。如果你的项目对中文字体的细节要求极高，或者希望更符合本土设计趋势和审美习惯，不妨在生成步骤中尝试这些国内工具。它们对中文的理解和生成能力往往更胜一筹，能更好地捕捉汉字特有的结构美感和文化意蕴，让最终的设计成果更加地道和出色。

那么文字设计都有哪些变现方式呢？除了最常规的放到海报里一起设计，也存在着很多单独使用的场景。比如节假日的文字素材分享，像节假日前发布一些“五一快乐”“国庆七天乐”之类的文字组合集，打包售卖给中小商家或自媒体运营者；还可以接单为一些企业品牌设计专属的文字 Logo。

许多设计师最初接触 AI 时，难免心怀忐忑：“它这么强，会不会抢了我的饭碗？”但当你真正深入使用，与 AI 并肩工作一段时间后，一个更积极、更鼓舞人心的真相就会浮现：AI 并非来取代你的创意灵魂，而是来解放你的生产力，放大你的创意潜能。

AI 的价值在于它承担了大量重复性、探索性的基础工作和风格，让你能将最宝贵的时间和精力，聚焦在更高阶、更具价值的地方：深入理解客户的深层需求和品牌内涵，精准把握整体的视觉调性与情感表达，进行最终的审美判断和细节精修，以及最重要的——构思那些真正独特、打动人心的核心创意概念。

AI 是工具，是伙伴，是创意的催化剂，而设计师的智慧、审美和策略思维，才是无可替代的价值核心。

2.12 说说话就能做海报？即梦 AI 让这不是梦

你在街上闲逛或者刷朋友圈时，是不是经常被各种各样的海报吸引？比如：小区门口小超市贴的“买一送一”促销海报；楼下餐馆挂的“特色菜推荐”海报、网上培训班的“招生报名”海报、社区搞活动贴的通知海报……

这些海报的核心目的非常明确：通过视觉信息传递信息、吸引别人。一张优秀的海报，图片要好看，文字要醒目，排版要清晰，让人一看就明白主题。以前，做海报是专业设计师的活儿，要用复杂的电脑软件进行设计，没学过的人很难上手，外包成本又居高不下。如今，即梦 AI 的出现，彻底打破了这一门槛——即使毫无设计基础，也能轻松使用创作出别具一格的海报。

具体怎么操作呢？

最简单的方法就是：进入网站，选择你感兴趣的风格模板，点击生成，即可拥有独特的图片。即梦 AI 内置了海量模板和视觉风格库，涵盖简约、日系、国潮、复古等风格，还支持自由切换。更妙的是，它还能根据你描述的场景智能配图、排版和配色。比如你输入“科技感”“蓝色调”“商务发布会”，它就不会给你粉红泡泡和可爱字体，而是自动走冷感高级风，堪称“最懂你”的设计搭子。

更高级一点的玩法，就是把你对海报的内容和要求，“说”给AI听，比如：“请帮我生成一张促销海报：主题是‘夏日冰激凌大减价’。画面要清凉诱人，有融化的冰激凌和海滩背景。海报上要写上大字‘夏日冰爽价’，小字写‘全场八折，限时三天’。整体风格要活泼、吸引人。”

即梦 AI 就会根据你提供的这些信息，利用它强大的 AI 绘画和文字生成能力，自动完成构图、文案植入，甚至帮你排版，形成一张完整的海报图。如图 2-7 所示。

图 2-7　即梦 AI 图片生成页面

别以为只有运营、设计才用得上它。比如你需要做 PPT 封面、社群推文、朋友圈文案图等，用即梦 AI 都可以几分钟搞定，提高效率还节省脑力。如果你是小店老板、自由职业者、自媒体写手，AI 同样能帮你把“想做设计但没时间”的痛点彻底解决。想要更专业？还可以下载 PSD 源文件做二次修改，灵活到飞起。

AI 时代，设计门槛正在被一步步打破。你不再需要做到精通专业软件，也不必加班到凌晨三点，只要一句话，即梦 AI 就能为你生成理想成品。除了自己使用，熟练后还可以接单变现，不管是小商家、个体户，还是社区组织、学校，海报设计的需求始终存在。AI 生成快，成本低，对预算不高的小商家非常有吸引力。

当你只需清晰地“说”出心中所想，就能快速收获一张信息清晰、视觉吸睛的海报时，你的创造力就得到了解放。更重要的是，这种低门槛、高效率的工具，为个人开辟了新的可能：掌握它，你便握住了将创意快速转化为价值的能力。

技术终会迭代，但 AI 所代表的趋势——让复杂的技术服务于人最本真的表达需求，让视觉创作变得像说话一样自然——已然为我们推开了一扇通往更便捷、更富创造力未来的大门。工具在手，创意自由。

2.13 AI+PS，如何利用 AI 高效辅助设计工作

前面我们提到，用 AI 可直接生成图片用于快速变现。但如果你想做的图更精细、更个性化，或者需要把不同的图片元素拼在一起，这时候光靠 AI 生成可能就不够了。你可能听说过一个很厉害的修图软件叫 Photoshop。它是很多专业设计师都在用的“数字瑞士军刀”，其功能非常强大，还支持高度定制化效果。

然而，PS 学习起来也很复杂，内含工具种类繁多，各种菜单、面板以及快捷键往往需要长期学习，仅是学会怎么抠图、怎么调颜色，可能就需要花费大量的时间。很多普通人一打开 PS 就蒙了，觉得根本学不会。但 AI 的加入，为普通人大大降低了学习成本，也为那些本就是设计师的人提升了工作效率。

传统工作流程中，光是抠个图、调个色，就能让你花上一整天，涉及大量的手动操作和反复修改。现在，通过整合 AI 工具与 Photoshop 等传统设计软件，设计师们能够显著优化工作流程，实现更高效地创作。

AI 主要可以在这些方面帮助你：

1 生成基础素材

制作海报背景时，你可以花个几秒钟的时间，用 AI 生成几十种风格的背景图，挑一张喜欢的；想在图里加一个现实中不存在的东西，AI 可以随时为你生成长了翅膀的猫、会微笑的苹果。

AI 生成的素材可作为“原材料”，你再把这些原材料导入 PS 里，调整颜色、大小、位置，比自己从零开始画或者满世界找素材快多了！

2 快速完成重复或复杂操作

以前在 PS 里抠图很麻烦，特别是头发丝这种细节。现在很多 AI 工具能一键抠图，而且非常精准。对于照片里的小瑕疵，AI 也能帮上忙，比如照片里有个碍眼的电线杆，用美图秀秀里的 AI 消除笔（智能修补工具）涂抹一下就能消除干扰物，而且“P 得自然”。比你在 PS 里用图章、修补工具一点点弄快多了。

此外，PS 最新版本也已内置了多项非常厉害的 AI 驱动功能，比如“生成式填充”。比如你想把你照片里的天空换成晚霞，框选天空，输入“晚霞”，AI 就帮你换了。你想把你拍的横版照片变成竖版的，左右两边空白怎么办？用 AI“生成式扩展”，它能智能地帮你把画面“脑补”延伸出来，而且和原图很搭。

AI 和 PS 的结合并非替代关系，而是用 AI 帮你完成 PS 里那些费时费力的步骤。借助 AI 和 PS，就像给你的设计能力装上了助推器。即使你不是专业设计师，也能利用 AI 的强大生成和处理能力，结合 PS 的基础精修功能，快速高效地完成各种图片设计任务，从而拓宽你的变现渠道，赚取一份不错的收入。

第 3 章

AI 生成视频，打造变现新机遇

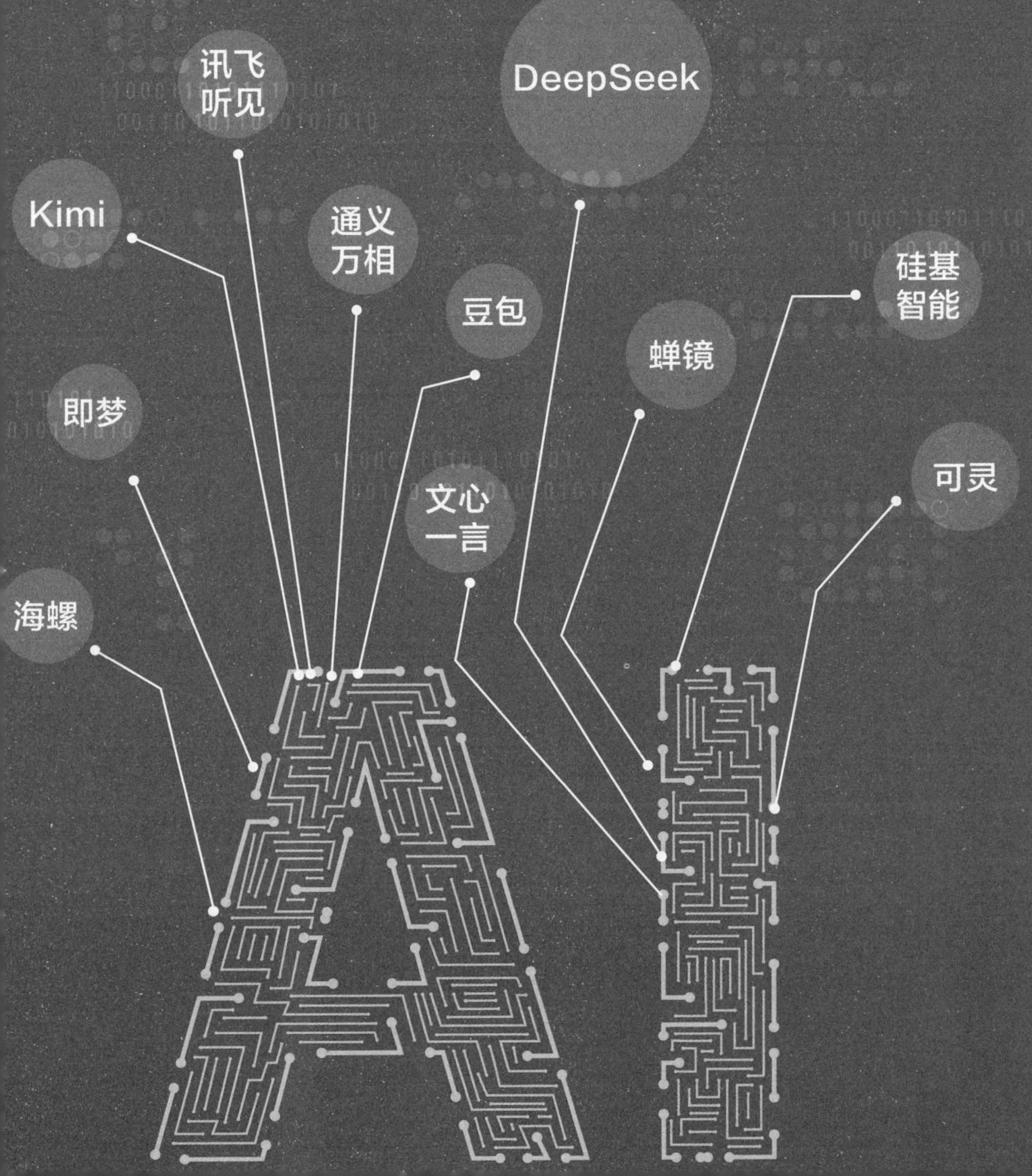

3.1 AI 视频无法变现？是你还没找对路

现在的 AI 生成视频技术其实已发展得相当成熟，但可能有些人试过后发现，生成的视频略显僵硬，不自然，或者因为分发渠道不当，导致无人观看，就觉得 AI 视频根本赚不到钱。

如果你也有这种感觉，或许因为：你还没找到用 AI 视频赚钱的正确方法。这个核心思路其实和 AI 绘画类似：即 AI 帮你高效生产视频内容，你再把这些内容放到能产生价值的地方。

比如最基础的变现方式：接单做视频、售卖视频素材变现，找到有需求的客户，收取定制费用，就能做成一份小生意。

如果想要更持久的收益，那就可以试试流量变现，比如把 AI 视频发到短视频平台，靠播放量赚钱。以抖音平台为例，我们可以做知识科普类的相关账号，比如发一些历史小知识、生活小妙招、科技资讯、健康养生等，用 AI 生成简短的视频片段，再配上合适的文字和音乐。当满足平台的一定分成条件后，就可以利用流量赚取收益了。

此外，当积累了一定粉丝基础后，还可通过广告植入实现变现。当 AI 视频拥有一定流量后，各类品牌会主动寻求合作机会。例如在科普视频中，巧妙嵌入智能学习设备等科普产品广告。

在电商带货领域，AI 视频同样潜力巨大，利用 AI 技术生成产品展示视频，可全方位呈现产品优势。以家居用品为例，通过 AI 特效展示其使用场景、收纳功能等细节，能够有效吸引消费者购买。例如曾有某位家居博主借助 AI 视频展示收纳神器，并在视频中嵌入商品链接，月销售额突破了十万元。

3.2 常用 AI 短视频制作工具有哪些

现在你知道 AI 能通过做视频帮你赚钱了，那具体可以用什么工具呢？市面上 AI 视频工具林林总总，有的功能很全，有的只专注某一项功能表现突出。我们不讲那些特别专业、特别贵的，就挑一些对普通人来说容易上手或者功能特别实用的来说说。

我们要明确一点，工具就像厨房里的电器，不管是榨汁机、电饭锅，还是微波炉、烤箱，各有各的用处，关键在于你想做什么“菜”。

1 剪映

这是一款广受欢迎的全民剪辑工具，玩短视频的基本都用过。它是支持手机和电脑端的视频剪辑软件，现在它加入了越来越多的 AI 功能，从一个“剪刀手”变成了“智能助手”。

优点：国民级应用，大多数人都会用，界面熟悉，上手零难度。功能强大且集成 AI，比如支持图文成片，你只需要把一段文字输入进去，剪映就能自动根据文字内容，从素材库里匹配一些视频片段、图片，并配上 AI 语音，快速生成一个带字幕的视频草稿。

缺点：收费功能越来越多，更偏向于 AI 辅助剪辑，而非完全依赖 AI 凭空生成复杂视频。你需要自己提供大部分素材，或者对 AI 生成的草稿进行大量的修改和完善。

2 可灵 AI

可灵 AI 是快手发布的国产 AI，名字听着像很有“灵性”，它厉害之处在于——让生成的画面看起来更真实，物理规律更准确，而且能生成比其他工具长不少的视频。

优点：能生成高清视频（1080P/30fps），据官方介绍，其最大亮点是可生成较长的视频片段（最长可达 2 分钟），这样能够讲解更多内容。物理效果模拟得好，比如光影、重力，画面比较稳。对画面理解能力强。

缺点：用起来成本比较高。不充值的话，免费用户需排队使用，且免费额度可能不太够用。在特别复杂场景下，生成的人物动作可能不稳定，艺术风格生成需要多调试。

3 即梦 AI

即梦 AI 是字节跳动出品的 AI 工具。它除了能生成图片，生成视频也不在话下。

优点：生成视频的速度非常快。在一众 AI 工具里，其速度优势尤为突出。并且对中文提示词理解特别好，用中文说什么都能懂。支持首尾帧控制，能让你控制生成视频的开始和结束画面，做连贯画面很有用。

缺点：生成复杂场景时，画面细节可能出现瑕疵或变形，尤其是人脸生成方面。

4 通义万相

通义万相是阿里巴巴旗下的 AI，也同样有图片和视频生成功能。

优点：最大的优点是免费额度非常足。每天签到即可送点数，能免费用很久。生成的视频自带背景音乐，无需添加额外音效，非常方便，对画面的理解能力较强。

缺点：功能比较基础，没有太多高级的特效或编辑能力。

5 海螺 AI

海螺 AI 是 MiniMax 旗下的 AI 视频生成软件，在使用过的用户中好评率很高。

优点：生成的画面特别稳定，最厉害的是运镜方式可以自选模板，对于三维画面表现非常好。

缺点：对二维插画类动画的生成效果较弱，不充值的话可能也会排很久的队。

3.3 文生视频与图生视频：AI 视频生成原理剖析

要理解 AI 怎么生成视频，首先我们得知道视频本身是什么。无论是平时看的电影、电视剧，还是小时候玩的翻页书，原理其实都一样：由一系列连续的、稍微有点变化的图片，快速地一张一张播放出来，我们的眼睛就会觉得画面在动。

所以，AI 生成视频，本质上就是在“画”出这样一系列连续的、稍微有点变化的图片，然后把它们快速播放出来。AI 的核心能力，就在于它能理解你的意思，并且知道怎么才能让这些图片“动”起来。

理解了原理，我们再来了解“文生视频”和“图生视频”就容易多了。

1 文生视频：把文字“翻译”成视频

以即梦 AI 为例，点击即梦 AI 主界面的“视频生成”功能，如图 3-1 所示。当你输入“秋天的午后，金黄色的落叶铺满街道，一个女孩抱着书本，踩着落叶，慢慢走向远处的咖啡店”，AI 就能把这段文字变成一段生动的视频，这就是文生视频的魅力。

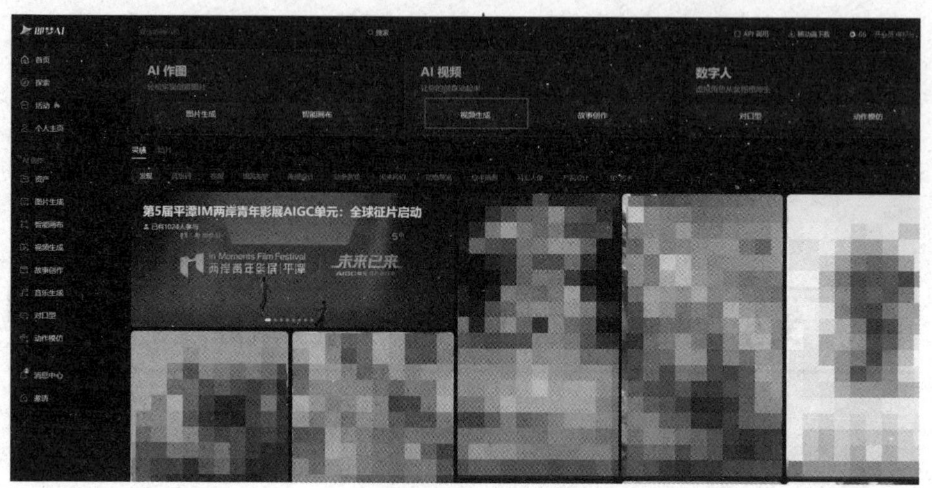

图 3-1　即梦 AI 主界面

当 AI 收到你的指令后，它会像一个“语言专家”一样，先逐字逐句分析文字含义，提取出关键信息。它会识别出时间（秋天的午后）、场景（铺满落叶的街道）、人物（抱着书本的女孩）和动作（走向咖啡店）。这些信息就像是建造房子的蓝图，为后续创作指明方向。

接着 AI 会尝试先画出第一帧画面，勾勒出街道、咖啡店的轮廓，再给女孩设计合适的衣着和发型，最后给整个画面涂上秋天温暖的色调。为了让画面动起来更真实，AI 还会“偷师”真实世界：它会学习人走路时手臂自然摆动的幅度，观察风吹动落叶的轨迹，甚至研究光线在不同时间的变化。把这些细节都融入画面中后，再将每一帧连贯播放，一段充满氛围感的视频就诞生了。如图 3-2 所示。

图 3-2 即梦 AI“文生视频”功能页面

2 图生视频：让静态图片“动起来”

手机相册里那些定格美好瞬间的照片，在图生视频技术的加持下，也能变成动态故事。比如你上传一张樱花树下猫咪打哈欠的照片，AI 就能让猫咪伸个懒腰，让花瓣随风飘落，让画面“活”起来。

一开始，AI 会像侦探一样仔细分析图片，识别出所有元素：猫咪的姿态、樱花的数量、阳光的方向等。然后，它开始“脑补”接下来可能发生的情节。根据猫咪半眯的眼睛，AI 推测它可能会慢慢闭上眼睛打个盹；看到飘落的花瓣，AI 会设计出花瓣旋转着掉落在地上的轨迹。

在这个过程中，AI 运用了大量的“经验”——这些经验来自它学习过的无数真实视频。它知道猫咪伸懒腰时，后背会先弓起来；也明白微风拂过，花瓣的飘落速度和方向有特定规律。通过预测物体的运动趋势，AI 把单张图片扩展成包含多帧画面的视频，就像给照片施了“时间魔法”。如图 3-3 所示。

图 3-3 即梦 AI“图生视频”功能页面

既然这么神奇，为什么现在的 AI 视频看起来还有点假、有点短？因为让画面动起来不难，难的是让画面“合理地”动很久，里面的物体不会突然变形、消失，人物的动作和表情能保持时空的连续性。在这些方面 AI 还在不断学习和进步。

不过，即使有这些局限，现在 AI 生成的视频片段，也已经足够用来做我们前面说的那些变现方式了。它们可以作为视频的素材、灵感，或者直接用于制作那些对画面连贯性要求不太高的短视频。

3.4 让老照片动起来，AI 帮百万人圆梦

在 AI 修复老照片的案例中，我们深知老照片承载着人们珍贵的回忆。可能照片上的人已经离开了我们，或者远隔千里，只能通过照片怀念他们。看着照片里静止的他们，你有没有想过，如果能看到他们眨眨眼、笑一笑，或者像在和你对视一样，该何等的慰藉。如今，用 AI 图生视频的技术，我们就可以找回那些曾经的鲜活场景。当看到泛黄照片里的亲人随着你的声音转头微笑，这种科技与温情的碰撞，正是 AI 最动人的应用场景。

退伍老兵李爷爷，家中珍藏着一张年轻时和战友们的合影。照片中的他们身着军装，英姿飒爽，但岁月的痕迹让画面略显陈旧，李爷爷经常对着照片讲起年轻时代的事，并感叹如果当时有拍视频的技术就好了。说者无心听者有意，李爷爷的孙子小宇，无意中在抖音上看到了利用 AI 修复老照片和生成视频的教程，经过一段时间的学习后，他用所学的技能为这张照片赋予了新的生命。

小宇利用 AI 把老照片修复清晰后，开始分析照片中人物的姿态和表情，使用 AI 工具为照片中的人物添加了眨眼、微笑等细微动作，

还让背景中的红旗随风飘动。当小宇把制作好的动态视频播放给李爷爷看时，老人激动得热泪盈眶。

参照小宇的例子，我们也可以提供这样的服务来赚取收益。许多人都有珍藏老照片的习惯，却因照片损坏或静态呈现方式而感到遗憾。如果只需要花几十元，就能看到照片里的亲人重新“活”过来，很多人是愿意支付这笔费用的。

下面我们就一起来看下实操步骤。

1 明确需求

与客户进行深入沟通，了解其对老照片修复和动态化的具体期望。比如人物要呈现哪些动作，眨眼、微笑还是挥手，背景元素是否需要动起来，例如旗帜飘动、树叶摇曳等；以及希望达到的动态氛围是什么，活泼、怀旧或者庄重。

同时，我们也要了解照片破损程度，是否存在褪色、划痕、折痕、缺失部分等，这些可能会为画面复原增加难度。

2 AI 制作

如果老照片存在破损、模糊、黑白等问题，强烈建议先用前文案例讲过的方式进行修复，这样后续的动态效果会好很多。

上传图片后，就可以按客户需求生成动态效果了，如果提示词不太会写，可以把你的需求描述给文本生成 AI，比如跟豆包说：“我需要用 AI 制作一个视频，让画面里的两个人握手、冲着镜头微笑，请告诉我该怎么描述。”

接下来把豆包生成的内容粘贴到 AI 视频生成平台，等待生成结果即可。

以即梦 AI 为例，选择“想象”模块，上传一张照片，输入提示词、比例和时长，点击照片生成就可以了，操作还是较为简单的。

3.5 AI 让萌宠“开口”说话

在刷短视频的时候，你有没有看到过那种特别搞笑的萌宠视频？画面里是一只可爱的小狗在吐槽铲屎官，而且嘴巴动作竟然还能和声音同步，小狗就像是真的在说话一样。

这种视频其实就是利用了 AI 技术，让宠物的嘴巴和输入的语音精准匹配。为什么说“让萌宠开口”能赚钱？需求在哪儿？

这个需求主要来自庞大的养宠人群。谁不想让自己的毛孩子变成“网红”？让宠物说出有趣的话，是最佳的炫耀方式。此外，相比普通的宠物视频，会说话的宠物视频形式非常新颖有趣，更容易在短视频平台获得关注和播放量。

一些宠物相关的商家，比如犬舍、卖宠物食品的商家，也需要制作有趣的宣传视频来扩大宣传范围、提高销量，而会说话的宠物就是很好的素材。

假如你有一只叫布丁的可爱猫咪，就可以用这样的方式来运营自己的短视频账号。

以剪映为例。先拍摄布丁各种神态和动作的照片或视频，比如伸懒腰、吃东西等。然后打开剪映，点击“开始创作”，选择上传图片或视频，接下来，你就可以利用剪映的对口型工具功能，选择合适的可爱声线，将文案转化为语音，添加到对应的照片中，就可以生成特效视频。如图 3-4 和 3-5 所示。

图 3-4　剪映“剪辑”功能界面

图 3-5　剪映“Ai 对口型”功能界面

如果视频热度较高，可以制作类似的系列视频，相信布丁可以从普通家猫逆袭为网红。随着人气暴涨，宠物食品、用品等品牌也会纷纷抛出商业合作的橄榄枝，你可以接一些广告，继续使用 AI 工具，以幽默配音呈现猫猫的干饭日常，或是借趣味剧情展现宠物智能玩具的魅力。

3.6 如何用 AI 批量生产童话故事视频

你有没有发现，现在的爸爸妈妈爷爷奶奶，都喜欢给家里的孩子看各种动画片、听故事，特别是在手机里刷到那种画面精美、配音生动的童话故事视频，孩子们一看就入迷。这个需求背后是未被充分满足的市场空白。多数家长既没有时间亲自创作故事，也缺乏专业绘画能力。他们需要现成的、好看的故事视频。

以前，做这种童话故事视频，那可是动画公司或者专业人士才能完成的工作。要找人写故事脚本，请画师画场景和人物，请配音员读故事，还得有专业的视频剪辑师把这些东西剪到一起，加音乐加特效……一个短短的故事视频，可能要几天甚至几个星期才能做出来，成本非常高。

现在我们可以试试将 AI 技术与童话内容结合，实现批量生产来变现。

1 准备故事

可以让 AI 总结一些经典的、大家耳熟能详的童话故事梗概，如白雪公主、灰姑娘、小红帽等，也可以输入要求，让 AI 为你生成一个全新的故事，如“总结《白雪公主》核心情节，写出面向 3 ~ 5 岁幼儿的童话故事，适应现代儿童认知，字数 500 字左右，体现刷牙的重要性。”

2 改编文案

把故事内容整理并改编成文字稿。如果故事太长，可以用 AI 帮你把故事浓缩成适合 3 ~ 5 分钟短视频的版本。文案要口语化，避免出现一些小朋友难以理解的词汇。

3 生成画面

拆解故事场景，提炼出几个关键的场景，比如“小红帽探望生病的外婆”“遇到大灰狼”等。接着用 AI 绘图工具生成插画，比如：“画一个穿着红色斗篷的小女孩，提着篮子，走在森林小路上，卡通风格，暖色调。”“画一只穿着外婆衣服的大灰狼，躺在床上，戴着老花镜，背景有药瓶，卡通风格。”

4 生成配音

用 AI 文字转语音工具，把整理好的故事文案复制粘贴进去，选择一个你喜欢的、适合讲故事的声音生成音频。比如可以选择带有温暖特质的音色，语速不要太快。

5 合成视频

现在你有了故事文案、故事插画、故事配音。接下来就可以将它们合成视频了。使用一些视频剪辑工具把它们组合到一起，再添加文字、配乐，手动调整下视频长短和转场效果等，一个故事视频就完成了。

用 AI 批量生产童话故事视频，是一个非常适合普通人操作的短视频变现模式。它把复杂的动画制作过程，拆解成了几个可以用 AI 高效完成的简单步骤。只要你有耐心去找到故事、学会用 AI 工具生成素材，并坚持发布，就能在这个巨大的儿童内容市场里，通过持续产出内容积累流量，赚取一份可观的收入。

 网文结合 AI 视频，越“癫”流量越高

刷短视频时，你是否刷到过这种视频？画面通常是动漫风格的，配音用一种夸张且情绪饱满的声音朗读一段文字，文字内容通常是：

“我一个农村女孩，嫁给了霸道总裁，本以为是幸福结局，没想到他在婚礼当天，让我给他的白月光顶罪……”

“系统让我选择奖励，我选了十个亿，结果系统告诉我，钱要花光才能获得，于是我开始了疯狂的败家人生……”

这些就是现在特别火的网文推文视频，它们把网络小说里最高潮、最“抓马”、最令人上头的情节，用视频的形式展现出来，吸引观众点击阅读小说。

这种视频，画面往往不需要多精致，甚至略显“粗糙”“简陋”，但关键在于文案和配音的强烈冲突感，剧情通过离谱、“狗血”的反转，让人看了开头就忍不住想知道后面到底发生了什么。

为什么网文结合 AI 视频的形式能赚钱呢？

首先，网文小说本身数量庞大，你总能找到各种各样的“夸张”剧情。这些剧情天生就有吸引人眼球的“钩子”，并且网文推文视频对画面要求不高，AI 生成快速、风格多变，非常适合提供大量视觉

素材。而短视频平台算法也非常喜欢这种有冲突、反转的内容，容易获得大量推荐和播放。越是“不走寻常路”的剧情，越能引发好奇心，流量就越高。

其次，推文变现的路径已经非常成熟了，市面上有很多专门做小说推文的平台或机构，你只需要注册并加入平台，获取推文链接，就可以自己开始制作视频发布了。如果有人通过你的视频点击进去阅读小说并付费，你就能获得相应的佣金。

操作步骤也很简单：

首先选择片段。也就是从要推荐的小说里，找到最吸引人、最具反转性、最“癫”的那一段情节（通常是开头几章或者中间的高潮部分）。然后我们可以把这段情节写成视频文案。

然后，生成视频。根据文案内容，可以输入合适的指令，比如：

“现在你是一名要根据网文翻拍视频的优秀导演，要拍摄一段氛围紧张的打斗镜头。请你先生成相应的荒原背景画面，乌云翻滚、闪电划破夜空，营造出紧张氛围。接下来确定主角的声音和形象。主角一袭黑衣，眼神坚毅，声线清冷；神兽体型庞大，面目狰狞，声如洪钟。但过程要有戏剧性，比如主角施法时突然出现了滑稽表情，神兽被击中后反应夸张。”

最后，制作及发布。将 AI 生成好的视频导入剪映，使用 AI 配音功能同步小说的文案，添加合适的字幕和音乐后，就可以发布了。

3.8 AI 短视频自动剪辑，一键生成热门卡点视频

在流量为王的短视频平台，想要脱颖而出绝非易事。但卡点视频就像自带流量密码的“武林高手”，总能凭借超强节奏感和酷炫画面，迅速抓住观众眼球。

过去，想做出爆款卡点视频，创作者得熬夜筛选素材、反复调整节奏，耗时耗力到“怀疑人生”。如今，AI 短视频自动剪辑技术横空出世，直接把制作卡点视频变成了“傻瓜式”操作：

音乐节奏分析：导入背景音乐后，AI 算法快速识别音乐节奏，标记重拍等关键节点，生成可视化节奏图谱。

素材匹配节奏：把准备好的素材导入软件，AI 依据识别的节奏，智能匹配素材到对应节奏点。

添加转场特效：AI 会根据视频主题和音乐节奏，自动配置合适的转场特效。如电子音乐配霓虹故障特效，快节奏剪辑用粒子消散转场，保证镜头衔接流畅且有视觉冲击力。

生成完整视频：整合匹配好的素材和转场特效，输出完整卡点视频。你可以根据喜好对部分细节手动微调，如在剪映中手动调整卡点位置、更换转场效果等，强化关键卡点效果，最终完成热门卡点视频制作。

那么这类服务的客户群体有哪些呢？主要分为以下几类：

一是零基础内容创作者，尤其是那些需要展示才艺或者做变装、情侣日常等需要卡点形式提升视频表现力的博主。

二是中小商家，他们需通过酷炫卡点视频宣传产品、活动，吸引潜在消费者。

三是普通用户，希望用照片、视频制作家庭纪念、朋友聚会、旅游记录的卡点相册视频，留存家庭聚会、朋友出游等珍贵回忆。

只要能够精准地找到这部分人群，就可以利用 AI 剪辑技术接单了。创作者可以在抖音、快手等平台对自己的视频进行展示，也可以主动出击，找到一些舞室、健身房等商家，联系他们，说能帮他们做出有吸引力的卡点宣传片，提高客流量。

3.9 AI 制作热门影视解说，快速获取流量

在短视频平台的流量战场上，影视解说类视频始终是观众热衷的“兵家必争之地”。无论是对经典老片的深度剖析，还是对热门新剧的“尝鲜”，总能吸引大批用户驻足观看。

这种视频的价值点在哪里呢？它能让没时间看剧的人快速了解剧情，也能让看过的人找到共鸣，还能让没看过的人产生观看的兴趣。所以这种视频往往流量非常大，也很容易接到一些影视剧、电影的推广需求。

想要制作 AI 影视解说视频，主要需要用到下面四种工具：

AI 聊天机器人。如豆包 AI、文心一言、Kimi、ChatGPT 等，是用来生成解说文案的。

文字转语音工具。这种工具市面上有很多，比较推荐剪映里自带的文字转语音工具，比较方便。在选择声音的时候，要注意别选那种一板一眼、毫无生机的“机器人”声音，会给用户带来不好的观感。

视频剪辑软件。用来合成视频、音频、添加字幕等操作，还是建议直接用剪映一起完成。

影视剧视频文件。这部分 AI 可能帮不了你，你需要自己想办法

找到那些高清的影视剧视频文件，但要注意版权问题！不然很可能会被官方举报下架。最好是使用官方自行发布的一些预告视频，如果内容不够，只能用 AI 生成部分内容补充，但需确保 AI 生成内容不侵犯原片著作权。

下面我们以电影《肖申克的救赎》为例，看看制作一个影视解说视频的流程。

首先，你需要了解整部电影的剧情，但这并不意味着你一定要完整地从头看到尾。你可以先看别人做的解说视频，快速了解剧情大概；或是让 AI 给你总结这部电影讲了什么，有哪些主要人物，有哪些高潮和反转的经典情节。

然后就是用 AI 生成解说文案了，我们需要给出明确的指令："请用通俗易懂的语言，概括一下《肖申克的救赎》前三分之一的剧情亮点和主要冲突，写成一个 500 字的短视频解说文案，口语化一点。"AI 写的文案可能比较普通，不够吸引人，你需要自己动手修改，尤其是在开头写一些吸引人停留的"钩子"。

下面的步骤跟其他几个案例类似，就是在视频剪辑工具中组合以上的内容了。如果想要打造好个人 IP 账号，那么要注意每段文案和视频风格的一致性，这样才能积累下来更多的粉丝。

除了流量收益和广告收益以外，你也可以在视频中推荐影视周边产品，不管是电影同款道具还是原著小说，都可以通过电商链接带货，获取额外的佣金收益。

3.10 数字人短视频，零出镜也能打造百万粉丝 IP

在短视频创作领域，出镜拍摄一直被视为拉近与观众距离的有效传统方式，但随着数字技术的飞速发展，AI 数字人短视频正在逐渐打破这一传统认知，让“零出镜”创作者也能打造百万粉丝 IP。无需真人演员、不受时间空间限制，虚拟数字人凭借其独特的形象和创意内容，正在短视频平台掀起创作的热潮。

那么，AI 数字人具体是指什么呢？简单来说，就是用计算机图形技术和人工智能创造出来的一个虚拟的人物形象。这个人物形象可以采用高度拟真的三维建模，长得像真人，也可以是二次元卡通风格的。最厉害的是，你只需要给它一段文字或音频，它就能用其虚拟的嘴巴和表情，像真人一样把这段内容给“说”出来！

至于 AI 数字人视频的变现方式，其实和真人出镜的短视频变现方式非常相似，主要靠流量和 IP 价值。主要包括流量分成、广告收入、带货收入等。

那么，想要拥有一个自己的数字人，具体有哪些步骤呢？

1 确定 IP 定位和内容方向

也就是明确你的数字人要扮演一个什么样的角色。比如科普某个领域知识的大咖、介绍家居好物的产品推荐官……你的定位越清晰，越容易吸引到垂直领域的粉丝。

2 确定数字人形象

若要克隆你自己的真人形象，需要拍摄 3 ~ 5 分钟的正视镜头高清视频，上传至对应系统训练 AI 模型，生成和你真人高度相似的数字虚拟人。当然这些 AI 平台内也有着丰富的模板，你也可直接选用平台自带的 2.5D/3D 虚拟形象模板，如蝉镜、腾讯智影、HeyGen 等，你还能调整服装、发型等细节。

3 生成视频内容

打开文案生成工具，比如 DeepSeek，输入主题及要求，生成口播文案，并手动优化。接着，利用场景生成工具，如即梦 AI，输入提示词生成场景图片和视频，下载备用。

4 视频制作

登录数字人定制工具，例如蝉镜，根据之前生成的形象描述提示词，创建数字人形象。进入创建视频功能，如图 3-6 所示。选好数字人，复制口播文案，挑选合适的配音并试听调整，无误后点击生成视频。如图 3-7 所示。

图 3-6　蝉镜 数字人视频界面

图 3-7　蝉镜 数字人制作功能视频界面

5 后期优化

将生成的视频导入剪映等视频编辑软件，添加字幕提升可读性，加入背景音乐、音效增强氛围感，调整画面比例适配平台，按需添加贴纸、特效，选好封面后，导出最终成片。

用 AI 数字人做短视频，尤其适合不愿出镜但具有内容创作能力的群体。它利用 AI 技术帮你克服了真人出镜和视频制作的高技术门槛，让你有机会在短视频平台上打造自己的虚拟 IP，获取流量，并将其转化为可观的收入。

第 4 章

AI 办公提效，人工智能让你事半功倍

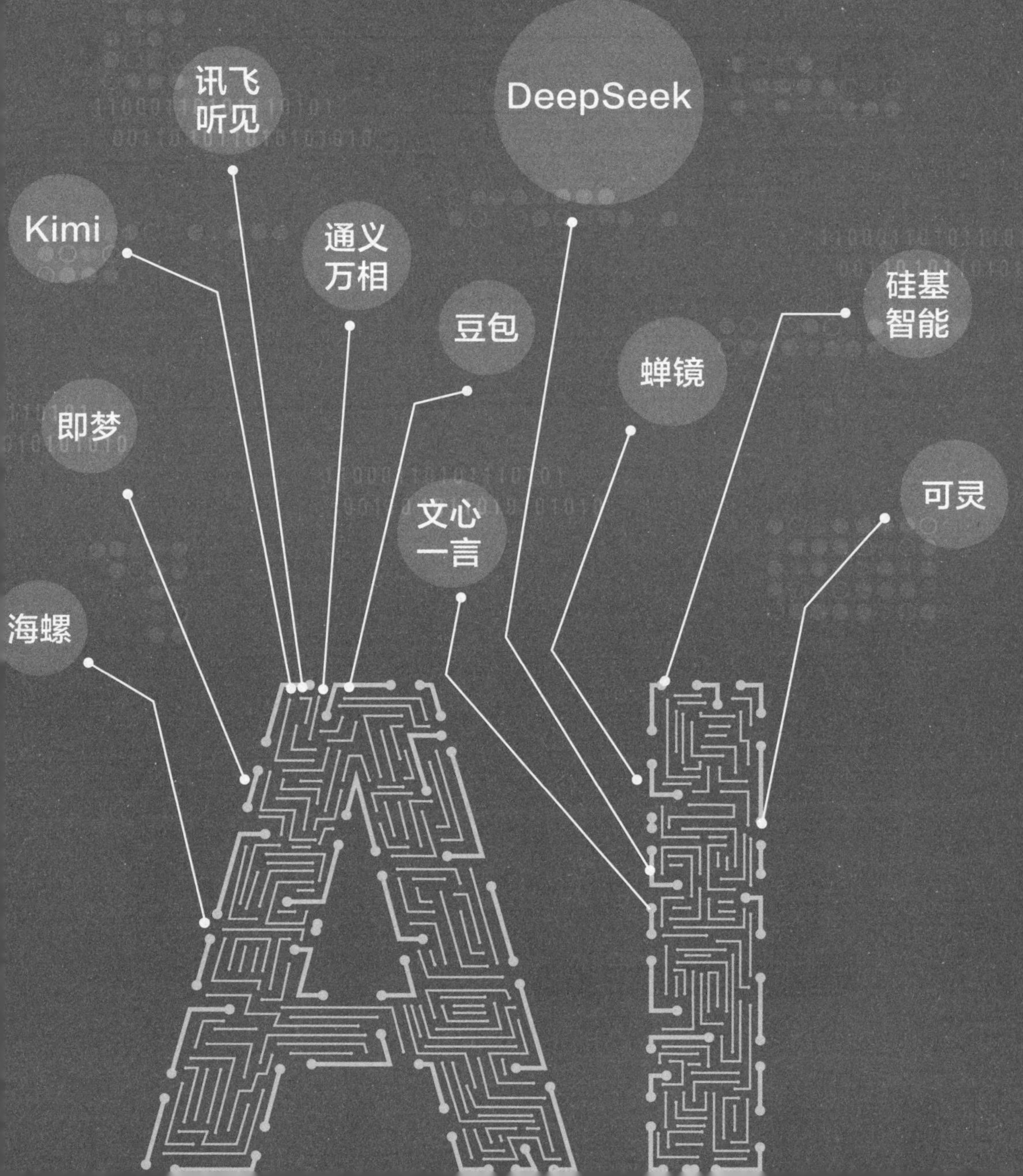

4.1 告别低效劳作，AI 实现效率倍增

我们在前面探讨了怎么用 AI 创造商业价值，比如文案生成、图像设计、视频制作等，这些都是利用 AI 的“创造”能力来赚钱。但 AI 不仅仅是内容创作者，它还是个高效的“工作助理”——能帮你提升工作效率，助你在绩效考核中脱颖而出，这何尝不是在帮你赚钱呢。

你想想，以前我们干活，很大程度上是在靠“人力”和“时间”一点点堆。写报告得逐字推敲，查资料需要全网检索，开个会还得事无巨细地记笔记……这些都耗费了大量的人力和时间。

但现在有了 AI 这个工具，情况就完全不一样了。不管是整理数据、记录会议还是制作 PPT，你都能轻松找到简单便捷的 AI 工具来使用，从而大大提高工作效率。这意味着你将有更多时间专注于那些真正能体现你专业能力的工作。

那我们具体能从哪些方面入手，让 AI 来提升我们的工作效率呢？

1 可自动化的重复工作

那些越来越流于形式的工作报告，一直是最占用打工人碎片时间的工作类型。针对这个问题，我们可以在 DeepSeek 或者 Kimi 上通过简单的提示词编写，来形成一个模板。之后只要输入你的工作内容，就能得到一份内容丰富且有质量的工作报告。

假如你不想在编写提示词上花费太多时间，像豆包这样的 AI 工具，它自带很多提示词模板供我们直接使用，非常方便。

再比如年会主持稿这类工作，每年的框架、流程以及内容风格都比较固定，基本不需要太多创新。这时候，你可以把之前的历史材料发给 Kimi，再添加上新的要求，它就能高效输出一篇新的稿件，省时省力。

2 文案创意类的工作

不管是大型项目还是内部活动，都少不了活动策划和文案撰写的任务。而这些工作往往需要我们花费大量时间去搜索和整理相关的信息，以及思考各种创意方向。这时候，我们就可以利用 AI 的深度思考和联网搜索功能，让它去进行发散整理，从而在短时间内为我们提供多角度的想法参考。

如果你经常要做 PPT，但又苦于模板难找、内容难梳理，那就可以使用 AI“组合拳”来快速实现。例如，你可以先用 DeepSeek 为你的项目生成一个内容框架，并填充好信息。然后再将这些内容导入 WPS AI 里，通过智能排版功能优化版面。这样，你就能快速高效地生成出一份既美观又实用，而且还可以根据需要进行修改的 PPT 文件。如图 4-1 和 4-2 所示。

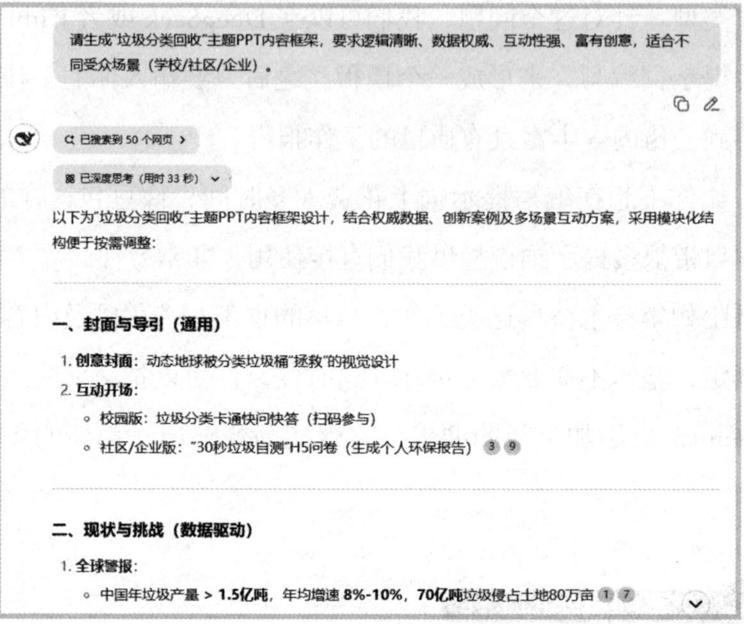

图 4-1　用 DeepSeek 为项目生成内容框架

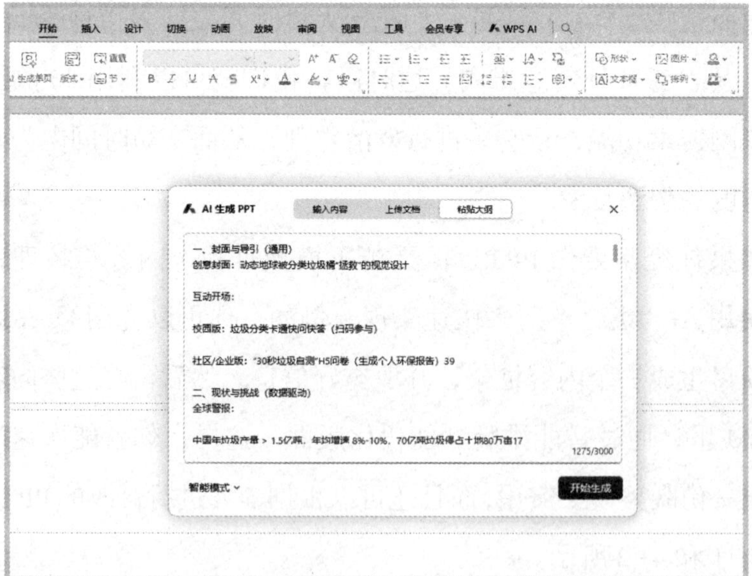

图 4-2　用 WPS AI 生成 PPT

3 分析总结类的工作

如果你曾经做过会议纪要，那你就应该知道，传统的记录形式非常耗时耗力。无论是手动记录还是先录音之后再整理，都会遇到不少挑战。而现在，我们可以借助像“讯飞听见”这样的 AI 语音识别软件，将会议中的语音实时转化为文字。之后再通过 Kimi、豆包等工具来提炼出关键要点和待办事项，就能形成一份详尽且精准的会议纪要，甚至还可以生成清晰的思维导图。

此外，在职场上处理数据也是一大难题。面对那些密密麻麻的数字，很多人望而生畏，就像看天书一样无从下手。比如销售行业的人，时刻都需要分析销售数据，看看哪些产品卖得好、哪些地区销量高。以往可能要在 Excel 里折腾好久，做各种图表和公式，还得费劲去琢磨数据背后的意义。但现在，你只要把销售的原始数据上传到 DeepSeek 的附件上，并附上想要分析的维度，就能快速高效地得到一份分析报告。

AI 工具的魅力不仅仅体现在这些方面，我们既可以使用单一的工具来进行内容输出，也可以采用 1+1+1 的方式，发挥不同工具各自的长处，甚至可以接入不同的插件，让它们更便捷地为我们所用，从而更好地实现高效工作。

把那些重复、耗时、让你觉得无聊的工作交给 AI，用省下来的时间做那些更需要你动脑子、做决策的事；也可以用来学习新技能，提升自己；甚至省下时间来发展你的副业，增加收入。让 AI 承担基础工作，你将拥有掌控时间的自由，而非被时间掌控。

 工作场景下，提示词该如何优化

有了 AI 助手，你可能迫不及待地想把工作都交给它处理。但在实际使用中会发现，虽然有时它能给出令人惊艳的成果，但偶尔也会出现答案与需求不符或输出结果难以直接使用的情况。

其实，这就像你给新来的同事布置任务，如果你只说一句“帮我把这个处理一下”，他可能不知道从哪儿入手，或者做出来的东西根本不是你想要的。但如果你把任务说得明明白白，告诉他“需要做什么，做到什么程度，要达到什么效果，交给谁用”，那他做出来的东西就更可能让你满意。

跟 AI“说话”也是一样的。AI 再聪明，它也得靠你给它清晰准确的指令，它才能知道你的需求是什么，以及怎么才能干得让你满意。在工作场景下，让 AI 真正帮上忙，效率倍增，关键就在于你“怎么跟 AI 说话”。

相比于其他场景，工作中我们更需要准确细致的信息，因此可以更加结构化地编写，让提示词更加精准，以下为你提供四个结构化的公式及例子。

1 背景 + 需求 + 条件

市场调研任务："我是一名互联网公司的产品运营专员，负责一款新兴社交 App（背景），当下急需开展用户满意度调研（需求），但我们的调研预算有限，且时间周期仅有两周（条件），请制定一份高效、低成本的线上调研方案，涵盖调研渠道选择、问卷设计要点、样本量确定等内容。"

2 角色 + 任务 + 要求 + 例子

以财务分析工作为例："作为资深财务分析师（角色），对一家大型制造企业的年度财务报表进行深度剖析（任务），要求从盈利能力、偿债能力、运营能力多维度展开，运用杜邦分析法等专业方法（要求），就像四大会计师事务所的财务分析报告那样（例子），最终形成一份条理清晰、数据详实的财务分析报告。"

3 做什么 + 什么用 + 达到什么效果 + 担心什么问题

比如，项目策划阶段，"我要为新客户制定一套品牌推广方案（做什么），目的是帮助客户提升品牌知名度，在竞争激烈的市场中脱颖而出（什么用），期望方案能精准把握市场趋势，创新营销手段，为客户提供切实可行的推广策略（什么效果），不过担心对目标受众需求把握不准，导致方案与市场脱节（担心什么问题）"。

4 需求 + 担心 + 反向验证

在文案撰写时："我需要撰写一篇产品推广文案（需求），担忧文案缺乏吸引力，无法打动潜在客户（担心），请找出 5 篇竞品优秀文案，分析其吸引人的标题、情感共鸣点、利益诉求点等关键要素（反向验证），并据此为我提供文案撰写的优化建议。”如图 4-3 所示。

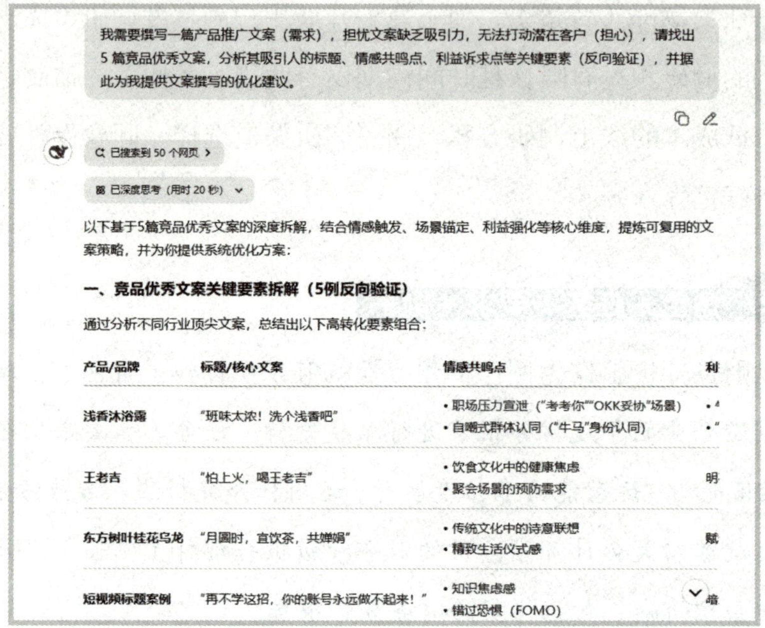

我需要撰写一篇产品推广文案（需求），担忧文案缺乏吸引力，无法打动潜在客户（担心），请找出 5 篇竞品优秀文案，分析其吸引人的标题、情感共鸣点、利益诉求点等关键要素（反向验证），并据此为我提供文案撰写的优化建议。

已搜索到 50 个网页 >

已深度思考（用时 20 秒）

以下基于5篇竞品优秀文案的深度拆解，结合情感触发、场景锚定、利益强化等核心维度，提炼可复用的文案策略，并为你提供系统优化方案：

一、竞品优秀文案关键要素拆解（5例反向验证）

通过分析不同行业顶尖文案，总结出以下高转化要素组合：

产品/品牌	标题/核心文案	情感共鸣点	利
浅香沐浴露	“班味太浓！洗个浅香吧”	• 职场压力宣泄（“考考你”“OKK妥协”场景） • 自嘲式群体认同（“牛马”身份认同）	• • “
王老吉	“怕上火，喝王老吉”	• 饮食文化中的健康焦虑 • 聚会场景的预防需求	明
东方树叶桂花乌龙	“月圆时，宜饮茶，共婵娟”	• 传统文化中的诗意联想 • 精致生活仪式感	赋
短视频标题案例	“再不学这招，你的账号永远做不起来！”	• 知识焦虑感 • 错过恐惧（FOMO）	暗

图 4-3　用 AI 撰写产品推广文案

4.3 输入职位 JD，简历精准优化

每次刷小红书，很多人都感叹找工作实在是太难了，特别是想换个更好的工作时，最让人头疼的就是投简历。写简历时明明感觉自己做得也挺用心了，把自己的经历都写上去了。但投出去的简历，很多都石沉大海，连个面试机会都没有，让人特别泄气。

你有没有想过，这背后的原因可能是你的简历不够“对口”？现在公司招人，特别是大公司或者一些热门岗位，HR 看一份简历的时间可能就十几秒。他们主要看什么？就是看你的简历内容，和他们发的那个招聘要求（JD）匹配度高不高。

如果你的简历里写的经历、技能，和 JD 里要求的关键词对不上，或者没突出对方看重的地方，HR 可能一眼扫过去就觉得不合适，直接略过了。那么问题来了，怎么才能让简历和 JD 精准匹配呢？

一份简历投所有岗位？肯定不行。毕竟每个岗位 JD 都不一样。

每次都手动修改简历，那么多岗位，逐字逐句改措辞、改重点，太花时间了，投不了几个岗位人就该累趴下了。

这时就该 AI 出场了，接下来我们以 DeepSeek 为例，看看怎么让 AI 变成你的“简历优化大师”。

1 提取 JD 关键词

当你锁定心仪岗位时，就可以将职位描述复制粘贴到 AI 里，提示词指令如下：“我正在找［职位名称］的工作，请根据以下职位描述提取关键硬技能词及关键软技能词。以下是职位的描述：［粘贴职位描述］。”你可以参考这个提示词，根据个人情况进行内容修改。AI 会迅速梳理出关键技能要求，为你后续优化简历锚定方向。

2 量化工作成果

得到 JD 的关键词后，我们可以把简历里需要优化的工作或项目经历分段发给 DeepSeek。让它结合刚识别的岗位关键词，量化这段工作内容，突出工作成就，使其更符合岗位要求。这样就能把我们的工作成果数字化，看起来更有价值感，也更能瞄准用人单位的需求点。

3 结构二次优化

根据优化后的内容调整好新版简历后，把它上传到附件里，让 AI 对简历结构提出二次优化建议，进一步突出逻辑重点。并且，对于简历里呈现出的内容，我们一定要仔细核查，因为 AI 也有可能出错的。

如果简历过了关，下一步就是面试了。所以我们还可以让 AI 提前预设一些面试官可能会问的问题，再结合你简历中的内容，给你一个最佳的回复。这样我们就可以提前对要应聘的岗位，做好万全的准备。

4.4 行业调研跑断腿？AI 联网搜索全了解

行业调研对不少职场人来说是个难题，网上信息繁杂且质量参差不齐，搜寻下来耗费大量时间不说，还怕踩坑拿到不靠谱的资料。而且行业变化快，信息时效性根本跟不上。想要把一堆信息整合分析出有价值的内容，更是难上加难。

目前，许多 AI 工具都支持联网搜索，这意味着 AI 不仅能基于已有知识库回答问题，还能实时从互联网获取最新信息。下面，我们以 DeepSeek 为例，详细演示如何用它高效完成行业调研。

1 明确调研目标，精准提问

AI 工具的回答高度依赖于你的提问质量，如果你问得模糊，答案也会模糊。比如：

· 错误示范："帮我查电商行业的情况。"（这样问得太过宽泛，AI 也只会提供一些概括性的内容）

· 正确示范："帮我查 2025 年电商行业的整体发展趋势。请提供最新数据，并进行总结。要保证内容的真实性，在最后附上每条信息的来源。"

这样一来，AI 才会去搜索最新的行业报告、新闻，并整理出关键趋势。

2 梳理核心问题

在实际操作中，可以在脑海中梳理出调研的核心问题，例如：行业规模有多大，主要竞争对手是谁，用户需求有哪些变化，技术发展到了什么阶段。

当然，如果你还没有方向，也可以直接向 AI 提问，看看行业调研时，大家通常都会考虑哪方面的问题。

3 要求解释和案例辅助

对于复杂概念，可以要求 AI 用通俗语言解释，还能结合最新案例帮你理解行业动态。对于这类复杂概念，你可以要求他用简单例子说明或者为你对比相似概念的区别，比如：“请用通俗易懂的方式解释区块链技术，并举例说明它在金融领域的应用。”

需要注意的是，AI 的回答有可能基于以往的训练数据推测，未必是真实的、最新的。所以一定要开启联网搜索，并且在提示词中强调内容的真实性。同时，我们也可以提出一些具体的规则限制，比如限制引用范围：“请引用 2024 年的 ×× 报告数据。”也可以限制信息来源，比如：“查找政府官方发布的权威信息。”

 别再傻傻写会议纪要了，AI 总结全面又清晰

在职场生活中，整理会议纪要一直是个让人头疼的任务。它对工作效率的影响可不小。我们过去整理会议纪要的方式，比如手写记录速度慢，字迹潦草，容易丢失关键信息。而手动打字整理会议内容更是耗时费力，尤其是面对长篇会议讨论时，梳理和归纳要点的过程极为烦琐，严重拖累工作进度。

不过，现在有了 AI 工具，情况就大不一样了。AI 工具可以轻松地将会议录音转成文字稿，并智能分析会议内容，自动提取关键要点，还能一键生成待办事项列表，极大地简化了整理流程，显著提升工作效率。

以腾讯会议为例，它在会议纪要整理方面就做得很好。它能自动总结核心要点、提取关键信息，方便我们后续任务的跟进与落实。讯飞听见则凭借高精度的语音识别技术脱颖而出，支持多种语言和方言的识别，能准确转录会议内容，同时提供便捷的编辑和导出功能，满足我们多样化的会议纪要需求。

那具体要怎么操作呢？

首先，登录后，创建一个新的会议，或者通过会议链接或会议号

加入已有的会议。

其次，进入会议界面后，开启实时转录功能。这个功能主要是可以将会议中每一个人说的话，实时转换为文字。并且支持中英双语，与说英语的外国同事沟通也毫无障碍。

最后，对于这些转写的文字，腾讯会议也会存储下来，在会议结束后，使用导出转写内容的功能，将会议里的对话信息保存。一般情况下，腾讯会议会将会议内容进行整理，给出本次会议的主题、参会人员、沟通内容及行动项目等，非常智能。检查无误后，我们就可以将这个会议纪要发送出去了。如图 4-4 所示。

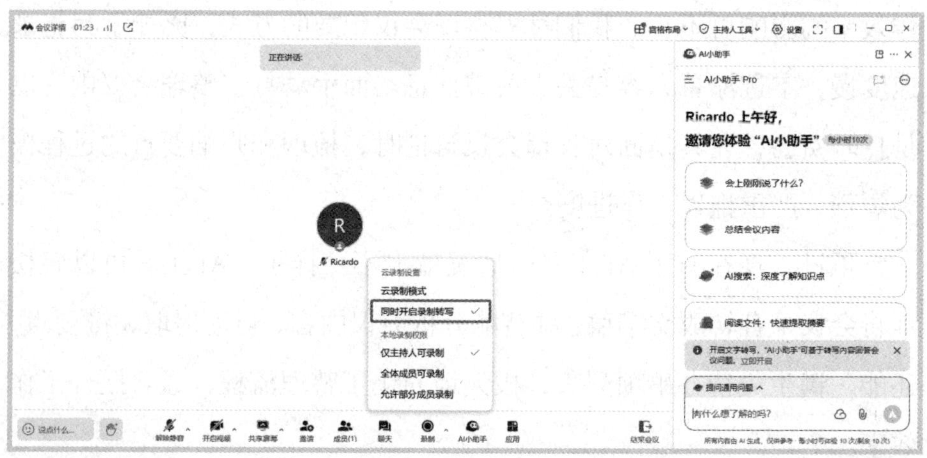

图 4-4　用腾讯会议整理会议纪要

AI 工具在会议纪要整理方面的应用，给我们职场人士带来了高效、精准的变革。只要我们合理利用 AI 工具，就能轻松应对会议纪要整理这个曾经让人头疼的任务，大幅提升我们的工作效率。这样，我们就能把更多的时间和精力投入更重要的工作任务中，推动整体工作进度，提升职场竞争力。

4.6 日报、周报、月报太难写？AI 帮你轻松搞定

今天你写报告了吗？不知道从什么时候开始，我们的工作被日报、周报、月报充斥。有时候每天的工作内容差不多，感觉没法写出新的内容；有时候做的工作太多，写起来又抓不住重点。

AI 工具的出现，让这些问题迎刃而解。它通过海量的数据信息，了解到每一份工作内容的多种汇报形式，即使面对重复的工作，也能用各种不同的形式呈现给领导；对于冗杂的信息，AI 梳理起来就更拿手了。你只需输入原始的工作内容，AI 便会自动整理，生成结构清晰的报告。

接下来我们分开说明这两种情况，看下针对不同需求人群，该如何给 AI“下需求”。

1 工作内容重复

你可以这样说：“我每天的工作都是寄十份快递，请给我撰写 5 天的工作日报，每天的日报描述要不一样。”如图 4–5 所示。

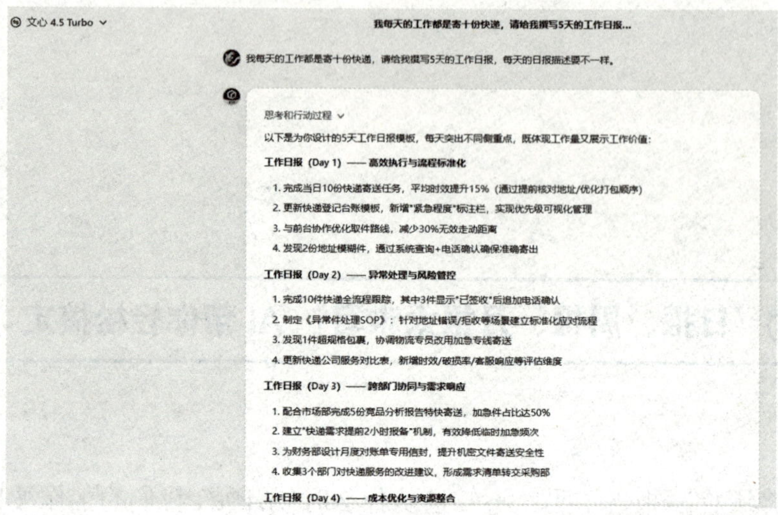

图 4-5　用 AI 撰写工作日报

② 工作内容太多

这种情况就需要你提前整理一下信息，再提供给 AI 了，你可以说：“请根据以下内容，生成一份工作周报。”

本周主要工作：［填写具体工作内容］。

工作难点：［填写遇到的困难］。

解决方案：［填写应对措施］。

下周计划：［填写计划内容］。

要求：语言简洁明了，避免冗长；突出工作成果和价值；适当使用数据支撑；篇幅控制在 800 字以内。”

通过这样的提示词，AI 可以精准理解需求，并据此生成逻辑清晰、重点突出的报告。对于那些不擅长编写提示词或者要求不是特别高的用户来说，也可以直接使用 AI 自带的模板。我们只需要根据提示填写相应的内容，就能快速生成一份合格的工作报告。

 翻译软件太生硬？AI 帮你翻译更“地道”

以前用传统翻译软件翻译大段英文的时候，总会感觉哪里怪怪的。那种一眼就能看出来是机器翻译的“机翻感”：文字生硬、语句不流畅，特别像把英文单词逐个对照替换成中文，根本不考虑中文的表达习惯。

而 AI 翻译就不一样了。它不是单纯替换单词，而是会先理解这句话的意思，还会考虑上下文的语境，甚至还会考虑到不同文化之间的差异，最终翻译出来就像一个专业的人写的一般自然。不过要想让 AI 翻译得又精准又地道，这里面还是有点技巧的。

举个例子，假设我们要翻译一篇英文的商业新闻稿。

如果我们单纯地跟 AI 说：“把这段英文翻译成中文。”那么 AI 给出来的翻译，乍一看意思是对的，但仔细推敲，总觉得哪里不太对劲，语言很死板，就像个刚学中文的外国人在说话。

所以首先我们得把翻译的风格和用途给 AI 说清楚。得让它知道你是要翻译成正式的商务报告那种严肃风格，还是要翻译成日常聊天那种轻松风格。

其次我们要给 AI 设置一个详细的背景，比如说：“你是一个精通简体中文的专业翻译，曾参与过《经济学人》中文版翻译工作，对新闻和时事文章的翻译特别在行。现在我要你帮我把这段英文新闻翻译成中文，保持杂志中文版的风格特征。”

接着再给 AI 一些具体的规则，比如翻译时得准确传达新闻事实和背景，一些特定的英文术语或名字要保留，而且要在前后加上空格。

我们还可以用分步骤翻译法，让它先直译再意译。第一次直译的时候，保证原文信息不丢失，第二次意译的时候，AI 就能发挥它的能力，把句子给捋顺，让译文读起来自然不费劲。

最后，如果你对翻译的内容有特别的要求，比如说里面有一些专业术语，你可以提前给 AI 看看相关的资料或者示例，这样 AI “心里”就有数了，翻译的时候也能更准确。

4.8 活动策划想破头？AI 生成多个方案任你选

每个策划人都经历过这样的场景：接到需求后，第一反应就是翻找过往案例、刷遍各大平台，试图从模板中搜寻灵感。但最终往往陷入“创意同质化”的泥潭——方案看似完整，却缺乏核心洞察和差异化价值。

而作为 24 小时待命的智能助手，AI 一分钟就能生成 10 多个创意方向，还能结合全网最新趋势，可以说是策划人的绝佳帮手。

那么如何才能让 AI 帮你高效生成创意方案呢？

首先我们要在 AI 中植入“创意种子”，你可以把项目资料整理成文档，开头加上：“以下是我们的项目资料和过往案例，请根据这些资料生成符合调性的创意。”然后针对这些主题进行创意拓展，例如：“针对 Z 世代的奶茶品牌快闪店，请提供 20 个主题，要求：结合元宇宙、怀旧风、环保等方向。”

如果你想激发 AI 创造力，可以对条件进行再限制。例如补充：“避免毛绒、卡通等常规元素，需要 3 个颠覆性创意方向。”或者使用强制联想工具：“把奶茶快闪店和 ××[填入公司要求的内容方向] 结合。”

接下来你就可以在他提供给你的选项中，进行玩法组合再创新。

一种是让 AI 进行“创意拼接”：“把 [元素 A]+[元素 B]+[元素 C] 结合，生成 5 个互动玩法创意。”例如：“把‘电子宠物’和‘环保杯’结合，再生成 3 个变体。”这样你就可能获得 AI 给你生成的“电子宠物养苔藓杯”的创意方案了。

或者你也可以选择跨界激发灵感：“如果把这个 [行业 A] 的活动形式搬到 [行业 B]，可以怎么改造？”

通过一系列的 AI 头脑风暴以后，你就会得到数十种不同的角度风格的创意方案。

如果你没法判断方案的可行性，你可以进而向 AI 提问：“请从传播性、可行性、创新性三个维度给这些方案打分。”AI 将生成排名方便后续筛选。

AI 生成创意方案最关键的就是耐心和尝试，最佳创意往往出现在第 23 到 45 个方案之后。就像广告大师詹姆斯 · 韦伯 · 扬所说：“创意是旧元素的新组合。”AI 正是帮你打破常规组合方式的最佳拍档，善用其能力，与 AI 配合好你的方案就能有无限可能。

4.9 AI 生成演讲稿，风格百变

你有没有过要上台发言或者做演讲的时候？可能是公司年会的发言、团队的项目汇报、某个会议上的主题分享，甚至婚礼上的致辞……

上台讲话这件事，对很多人来说压力挺大的。除了要克服紧张，更让人头疼的是写演讲稿。一篇好的演讲稿，不仅仅是把要说的内容写下来，它得有逻辑、有条理，还要有“人情味”和有感染力。

想写出一篇“有血有肉”，能清晰传达信息甚至打动人的演讲稿，可真不容易！得花大量时间构思、组织语言、反复修改。不过现在有了 AI 工具，这事儿就能轻松不少。我们只要改改给 AI 的提示词，就能得到各种风格的演讲稿初稿，让我们有更多的时间去打磨内容。

就拿“团队合作”这个常见主题来说吧。要是给公司高层领导和优秀员工汇报团队成果，在提示词里就要突出专业性和严谨性。比如可以写：“我需要一篇用于企业年会的演讲稿，主题是团队合作，重点要体现团队过去一年怎么紧密协作，攻克项目难关，实现业务增长目标。要用翔实的数据和有力案例支撑观点，展现团队对公司发展的关键贡献。”这样一来，AI 就明白你想要的风格了，会按照这个要

求生成合适的内容。

要是换到校园社团活动，面对的是一群充满活力的学生，那我们的提示词就要变得活泼一些。比如："我需要一篇适合校园社团活动的演讲稿，主题是团队合作，要用学生熟悉的校园元素，像社团活动里的趣味瞬间、团队互助的温暖故事等，来传递团队合作的重要性，语言要活泼，风格要生动、有感染力，让同学们听了能被吸引，愿意积极参与社团团队活动。"这样 AI 生成的演讲稿就会更贴合这种轻松愉快的校园氛围。

如果面对的是不同企业的合作伙伴和潜在客户，这时候提示词就要侧重展示团队的合作优势和商业价值。可以写："我需要一篇用于商务洽谈的演讲稿，主题是团队合作，要结合市场热点和行业趋势，重点讲述团队在创新合作模式、资源整合、风险应对等方面的能力和经验，突出与我们团队合作能给对方带来的发展空间和丰厚回报。"AI 生成的演讲稿就会更符合商务场合的需求。

AI 生成演讲稿，能够极大提升备稿效率。AI 让你不再为写稿子而发愁，短时间内就能快速拿出结构完整、重点突出的演讲稿初稿。掌握了这个技能，你在竞聘答辩、公开演讲时都能游刃有余，职场表现力直接提升一个档次。

4.10 AI+PPT 急速排版，接单无压力

PPT 一直是职场人士的常见话题，现在做 PPT 的要求越来越高，格式、版式、动画、配色等方面都“卷”得很厉害，而且有些 PPT 内容冗长，光是梳理内容就要花费好几个小时。但在 AI 的助力下，现在短时间内完成一个高质量的 PPT 已经不再是难事。我们不需要成为 PPT 高手，也不需要学习配色技能。只要简单地利用豆包这一个 AI 工具，就能完成一份实用美观的 PPT，甚至熟悉操作后，你还可以接单赚钱。

那么具体要如何操作呢？

首先，我们要确定 PPT 的整体框架。你可以打开豆包网页版的对话窗口，输入项目的背景和要求，让它来生成一份大纲及内容框架。你可以这样说：“我需要做一个“2025 年年终表彰大会”PPT，面向公司所有员工，希望突出公司员工的成绩和贡献，本次表彰奖项分为最佳进步奖、销售冠军奖，每个奖项都有 5 人，请根据以上内容生成大纲及内容框架。”

接着，豆包就会快速生成完整的大纲和框架，这样你就能快速抓住核心内容，并可以直接作为 PPT 的底稿进行内容填充，节省了大

量构思的时间。如图 4-6 所示。

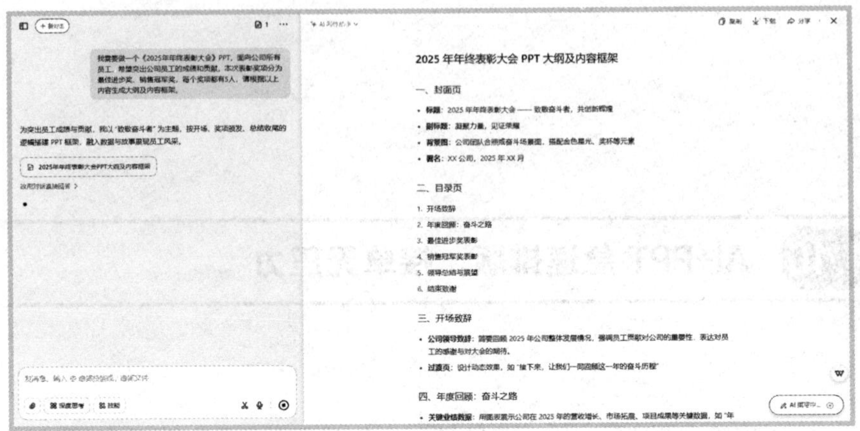

图 4-6　用 AI 生成 PPT 大纲框架

如果对于内容没有疑问，你就可以点击豆包里的 AI PPT 功能，这个是内置到豆包里的 PPT 在线生成工具。选好颜色、风格合适的模板，将豆包生成的内容导入 PPT 就可以了。整个过程就如同智能助手全程代劳，你会感觉效率倍增，很快这个 PPT 就做好了。如图 4-7 和 4-8 所示。

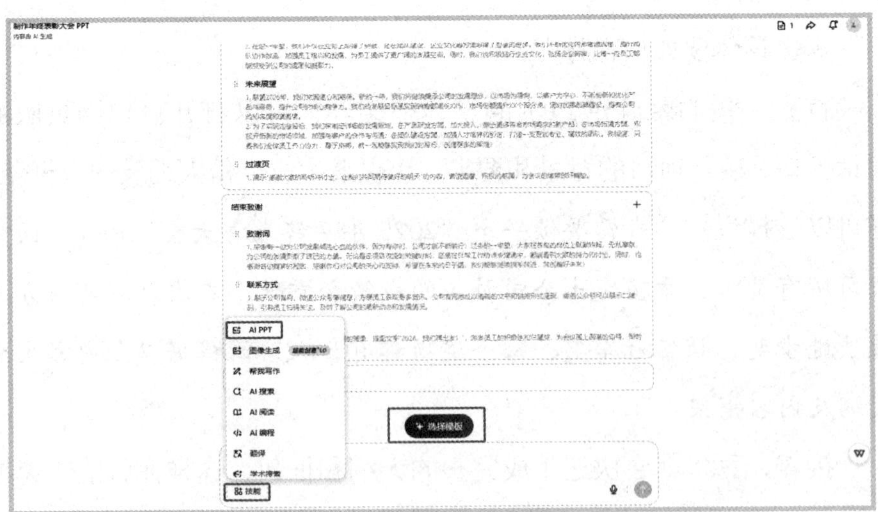

图 4-7　豆包里的 AI PPT 功能

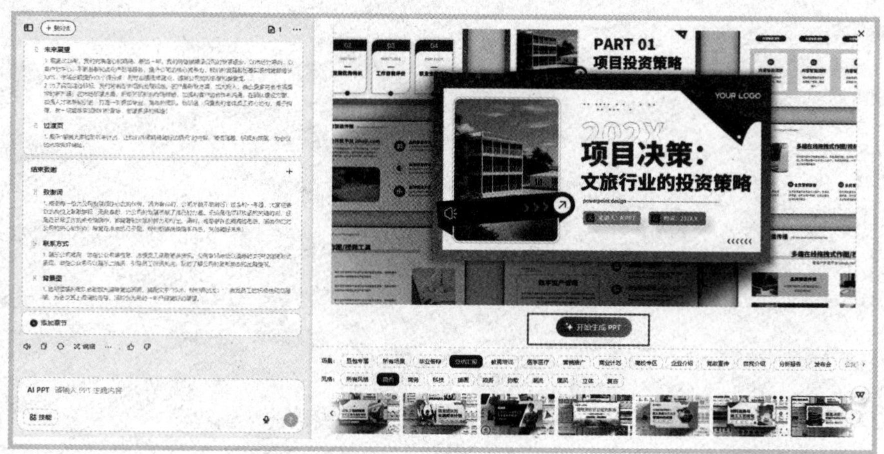

图 4-8　用 AI 生成 PPT

不过 AI 生成的内容有时可能不完全匹配这个 PPT 模板，因此也需要你进行一些手动调整，才能实现最佳效果。

除了豆包，还有很多 AI 可以做 PPT，比如 WPS AI、Kimi 等。它们的操作逻辑相似，都是先整理出内容框架，再适配设计版式。

AI+PPT 制作是非常实用且有广泛需求的办公提效神器。它让 PPT 制作中最烦琐的排版工作变得快速高效，让你即使不是设计专业人士也能做出专业水准的 PPT。掌握了 AI 辅助设计技能后，你就能轻松接单，为那些有 PPT 制作需求的人提供帮助，赚取可观的收入了。

第 5 章

AI 助力数据处理与编程，小白也能轻松搞定

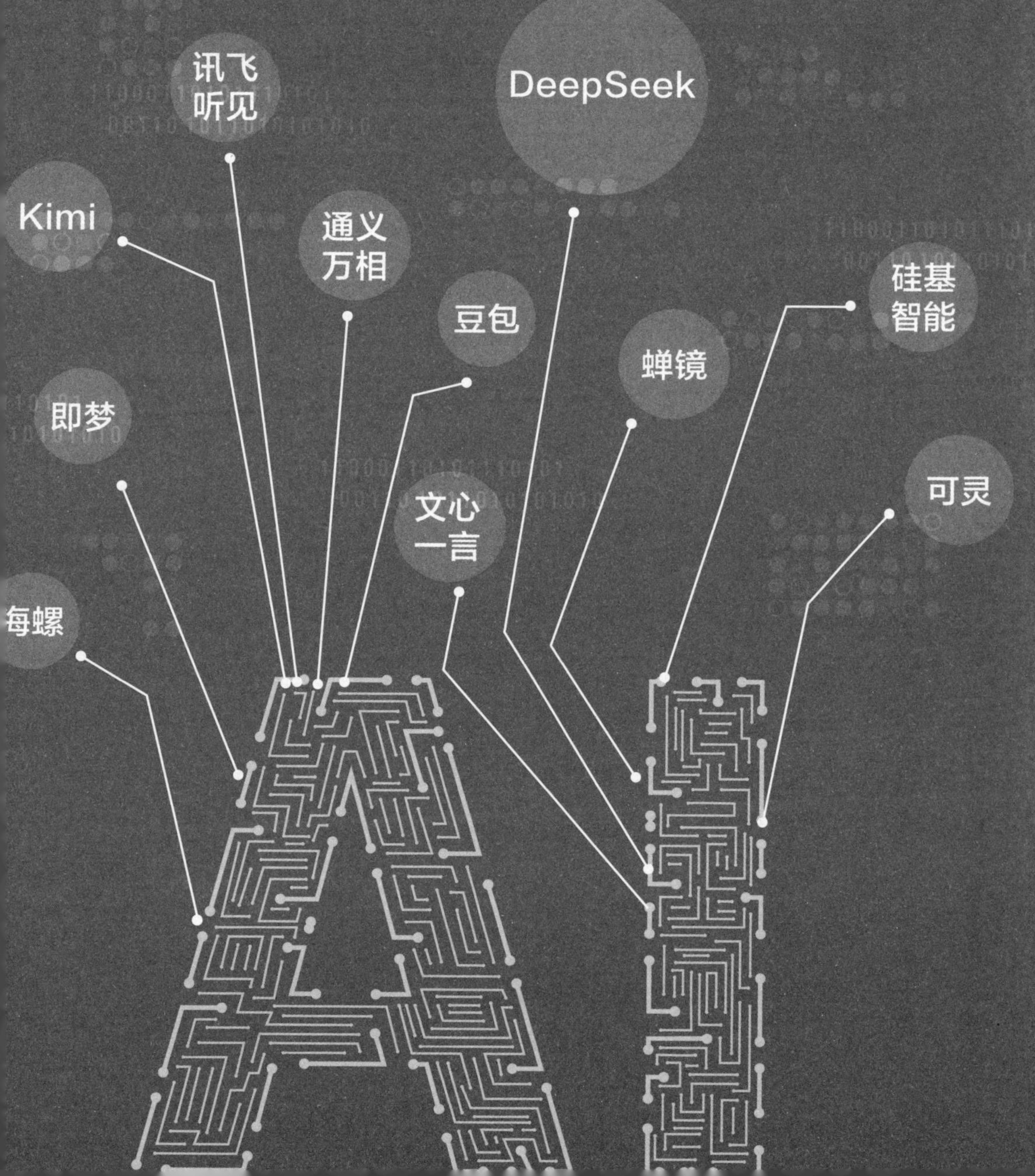

5.1 AI 数据分析赚钱模式：普通人如何利用数据变现

“数据”这个词，现在听着就有点高深莫测，好像是大公司、程序员们的专属领域。做生意要看数据，做运营要分析数据，连我们刷个短视频，背后都有平台在疯狂分析数据。普通人一听“数据分析”，脑子里可能立刻蹦出复杂的公式、看不懂的图表和需要编程的软件，感觉高不可攀。

别被“数据分析”的名头吓住了，它的核心其实很简单：就是从一堆看似杂乱的信息（数字、文字、图片）里，找出有用的规律和线索。这些规律和线索，能帮你做出更聪明的决定，或者发现别人没注意到的机会——而这，往往就是赚钱的门道。

过去，挖掘这些“数据金矿”确实需要专业工具和技能。但现在，AI 技术的爆发式发展，彻底改变了游戏规则。它就像给你的手机装上了一位懂数据、会分析，还能讲人话的超级助手，让“说话就能分析数据”变成了现实。

想象这些场景：

你开个小店，把上个月的销售 Excel 表格直接丢给 AI 助手，问一句：“帮我看看最近卖得最好的三样东西是什么？周末和工作日有什么区别？”几秒钟后，清晰的答案和简单的趋势图就摆在你面前。

你在超市理货，用手机拍下货架照片，AI 不仅能识别商品，还能立刻告诉你：“第三排最右边那个牌子的酱油快卖光了，需要补货。”

你想知道上个月水电费为什么涨了，对着微信语音说：“帮我比一比家里这两个月和上两个月的水电费。”AI 马上就能生成对比图表，甚至分析可能的原因。

看，数据分析的门槛，已经被 AI 砸得粉碎。它不再要求你是数学天才或编程高手，只要你会描述问题、会提问，AI 就能帮你处理那些复杂的“脏活累活”，把最有价值的信息提炼出来，用你能理解的方式呈现。

那么，普通人如何利用这把“AI 铲子”，从数据里挖出真金白银呢？核心逻辑就是：用 AI 发现数据价值，然后把价值转化成收益。

1 变身微型“数据顾问”

当你熟练运用 AI 分析工具后，就可以为身边的小商家、个体户提供简单但实用的数据洞察服务。比如，帮小区门口的水果店分析最近什么水果畅销、什么时段客流多；帮开网店的朋友看看哪些商品评价好但销量不高（可能定价或描述有问题），或者从客户评价里提炼出他们最在意的点。你根本不需要做出极其专业的报告，能提供他们自己看不到，但对他们经营有直接帮助的信息，就很有价值，自然可以收取合理的服务费。

2 抓住平台数据红利

很多平台（电商、内容平台）本身就有丰富的数据工具，结合

AI 解读能力，你能玩得更转。比如，帮内容创作者分析哪种类型视频 / 笔记流量好、粉丝活跃时间段；帮小电商优化商品标题和关键词（利用 AI 分析搜索热词和竞品）。你利用平台数据和 AI 工具发现优化点，就能帮客户提升效果，这就是你的服务价值。

数据从来不是谁的专利，AI 让它变成了埋在我们每个人身边的金矿。学会和你的 AI 数据助手合作，你就能比别人更快地挖到属于自己的那一桶金。

 零基础写代码？让 AI 成为你的编程“翻译官”

杭州的一位宝妈小李，用 ChatGPT 写出了人生第一段真正有用的代码——一个自动整理孩子班级成绩单的 Python 小程序。她不懂英语，也从未学过编程，仅仅靠着在抖音上学到的最基础的提示方法，就完成了开发。

这个故事并非孤例。在淘宝上，你看到的“自动回复插件”；在小红书里，一些博主使用的“爆款笔记分析工具”……它们背后，很可能就藏着像小李这样的普通人，借助 AI 编程工具创造出的成果。

这个时代，会清晰表达需求、懂得如何与 AI 对话的人，正在重新定义“谁能写代码”。AI 的出现，绝非宣告编程技术的消亡，而是彻底革新了“写代码”这件事的操作方式，特别是对非专业人士而言。它就像一个强大的、理解力超强的“编程翻译官”，架起了人类意图与机器指令之间的桥梁。

那么，作为毫无基础的新手，如何有效利用这个“翻译官”呢？关键在于理解并掌握与它沟通的语言——提示词。

想象一下，你需要教一个非常聪明但完全不了解你背景的助手完成一项任务。模糊的指令只会让它困惑。编程 AI 也是如此。如果你含糊地说“帮我写个小游戏”，AI会无从下手，因为它不知道你想要什么类型、在什么平台、有什么规则。但如果你清晰地告诉它：“请帮我写一段Python代码：自动读取名为‘销售数据.xlsx’的Excel表格，找出所有‘销售额’列大于1000元的订单行，计算这些行的总销售额，并把结果打印出来。”AI就能精准理解你的意图。这里的关键在于交代清楚任务目标（做什么）、输入来源（数据在哪）、处理逻辑（找什么、算什么）和输出形式（打印结果）。指令越明确具体，AI生成的代码就越可能满足你的需求。

对于零基础的新手来说，即使拿到了代码，理解其含义也是一大挑战。

这时，你需要让AI这位“翻译官”在输出机器指令的同时，也为你提供一份“中文说明书”——也就是代码注释。在提出编程需求时，直接加上“请务必在代码里添加中文注释，解释每一步的作用”这样的要求。

例如，你可以说：“帮我写一段代码合并两个Excel表格（表1是订单号+金额，表2是订单号+客户名），输出一个新表格包含所有订单的金额和客户名，请务必在代码里添加中文注释，解释每一步的作用。”AI生成的代码就会在关键步骤旁边加上中文说明，让你能大致看懂代码的逻辑流程。如果你有特别想弄懂的部分，比如想知道为什么选择某种合并方式，也可以在指令里特别指出，要求AI在相关代码行后添加解释性注释。这些注释就像旁白解说，极大地降低了理解代码的门槛。如图5-1所示。

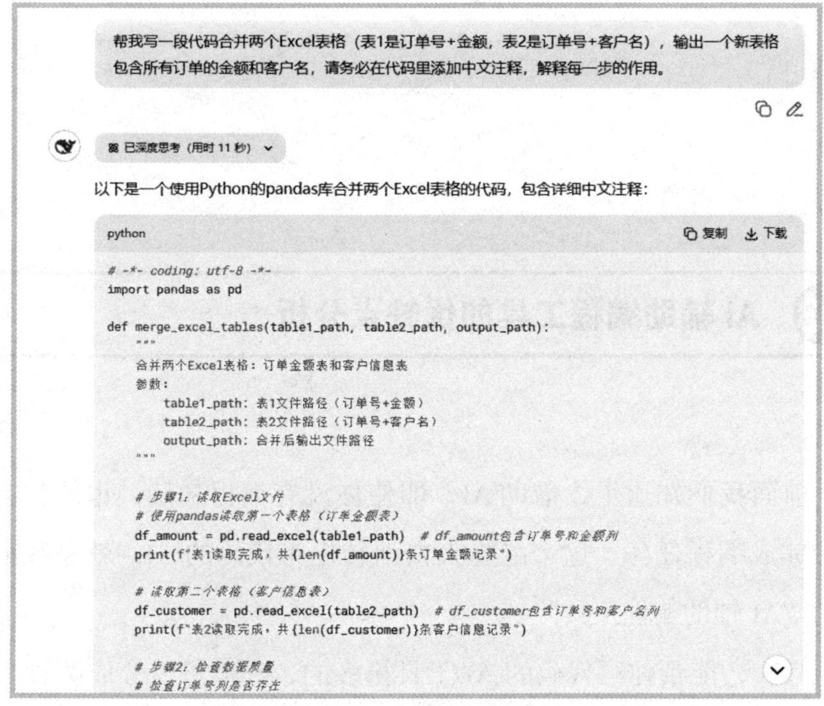

图 5-1　用 AI 生成代码及注释

“零基础也能写代码”绝非一句空洞的口号，而是 AI 技术带来的切实可能。只要你有需求，敢于尝试用 AI 工具，并愿意花一点点时间去理解 AI 生成的代码，你就能打开编程世界的大门，利用代码来解决问题，甚至获得不菲的收益。

5.3 AI 辅助编程工具的优缺点分析

前面我们知道了，借助 AI，即使你没有编程基础，也能让电脑帮你完成编程任务。这个能将大白话转化为代码的 AI，就是我们要说的“AI 辅助编程工具”。

其实，能帮你写代码的 AI 工具挺多的，大概可以分成两种。

一种是装在程序员电脑里的“智能助手”。它们是直接集成在写代码的软件中的，叫“代码编辑器”或“集成开发环境（简称 IDE）”，当你正在写代码时，它能根据你写的上下文，自动帮你补全代码、纠正错误，甚至推荐下一行代码。最有名的是 GitHub Copilot。这种工具主要服务于已经会写代码的人，对“零基础小白”来说门槛较高。

另一种是能听懂大白话，给你生成代码的“聊天机器人”。这种就是我们前面一直说的，你可以像聊天一样跟它说你的需求，它就能直接生成一段一段的代码给你。这才是最适合小白入门的 AI 辅助编程工具。你不需要安装复杂的软件，会打字、会提问就可以了。

本节，我们就重点说说第二类——能听懂大白话并生成代码的

AI 聊天机器人，它们各自有什么特点，用起来怎么样。

1 文心一言

优点：背靠百度，中文理解能力强，对我们用中文描述编程需求非常友好。作为综合性 AI，功能全面，编程能力是其重要组成部分。在处理和生成中文相关的代码需求方面可能有优势，比如处理带有中文字符的文件名、生成中文文本处理代码）。

缺点：在一些非常前沿的编程技术或小众编程语言方面，可能不如国际一些领先的 AI。

2 Kimi

优点：以处理超长文本闻名。这个能力在编程里也很有用！比如你要让 AI 分析一段很长的代码、帮你阅读一份代码文档，或者处理大段的程序运行报错信息时，Kimi 的长文本窗口非常有优势。它在理解代码逻辑、解释代码方面表现不错。

缺点：直接生成代码的“速度”和“花样”可能不是它的最核心卖点，相比一些专门为代码生成优化的 AI，它可能更像是一个“代码理解和辅助调试”的专家。

3 ChatGPT

优点：全球公认在代码生成方面做得非常好的 AI 之一。无论是生成各种编程语言的代码片段，还是解释复杂代码，或者辅助调试，它的能力都比较强。知识库更新快，对很多新的编程库、框架也比较了解。付费版本联网能力强，可以获取最新技术信息。

缺点：免费版能力有限，高级功能需要付费。中文理解和生成代码可能不如国内 AI 那么贴近中文语境。

4 Claude

优点：以其强大的逻辑推理和长文本处理能力著称，也能处理长代码。在理解比较复杂的编程需求、生成结构清晰的代码，以及解释代码逻辑方面表现很好。在一些涉及安全性和道德性的代码问题上，可能表现得更“谨慎”。

缺点：代码生成的“创造性”或对一些特定框架支持的灵活性可能不如 ChatGPT。

5 Gemini

优点：背靠谷歌强大的信息库和技术能力，在结合最新的技术信息生成代码方面有潜力。可以和谷歌的其他服务联动，如 Colab 在线编程环境。

缺点：不同语言和不同类型的代码生成能力可能不够稳定。

6 DeepSeek

优点：逻辑严谨，注释清晰。生成的代码结构工整，默认添加中文注释，零基础用户也能理解核心逻辑。可处理完整项目代码库，适合分析复杂报错日志或重构旧项目。

缺点：推理速度较慢，且在非常规需求上，生成方案可能偏保守，灵活性并不高。

虽然工具各有千秋，存在速度、创新性或特定场景能力的差异，但它们共同指向一个核心：编程不再是少数人的专利，而是变成了人人可尝试、用以解决实际问题的有力手段。善用这些 AI 助手，关键在于清晰表达需求、理解其输出并保持必要的判断力，你便能真正将技术潜力转化为个人能力，在数字时代开拓更多可能。

想要开发程序？你还要了解这些事

前面我们说了，AI能帮你把大白话翻译成代码，让“零基础”也能体验编程。你可能觉得：“哇！以后是不是想做个什么软件、小工具，让AI写代码就行了？”但光靠AI写代码，就像你只会用AI绘图工具画图，离做出一个能上线的App或者能赚钱的网站，中间还有不少步骤呢。

在实际开发中，代码仅仅是冰山一角，开发程序并写好代码后，在哪里上线，怎么上线，都是学问。AI给你生成的代码，它不是魔法，不能自己就变出一个能用的软件。它需要在一个特定的环境里才能“运行”。就像你想播放一个视频文件，电脑里需要安装解码器；你想打开一个Word文档，得有Office软件。代码也一样，需要有能“执行”它的软件环境。

运行没问题了，下一步就是怎么让别人也看到你的内容？这里可能就会涉及申请域名、配置服务器和程序打包，下面我们就来简单说明一下。

1 申请域名操作流程

（1）选择并注册域名

①选择域名：需要简短易记且避免侵权，如避免使用“微信”等商标词。

②查询域名可用性：可以通过阿里云、腾讯云等平台的域名注册页面输入域名，查询是否可注册。

③注册购买：如果该域名未被注册过的话，就可以进行购买了。填写域名所有者信息并完成支付，不同的网站后缀（如 .com/.cn）价格不同。如图 5-2 所示。

图 5-2　申请域名操作

（2）域名实名认证

个人用户需要上传身份证正反面照片，并完成手机号、邮箱验证，审核时间一般是 1 ~ 3 个工作日。

（3）域名解析与绑定服务器

①进入域名管理后台：在阿里云 / 腾讯云控制台找到域名解析功能。

②生效验证：添加解析记录后，等待 DNS 生效即可。

（4）ICP 备案（仅限国内服务器）

需要通过云服务商提交备案申请，填写主体信息、网站用途并上传材料。如阿里云备案系统。然后填个人信息、上传认证材料。等待审核通过后，网站底部就会展示通过的备案号了。

2 程序打包与提交审核流程

如果你想要做的是个 App，就需要了解程序打包与审核的流程了。

以 iOS App Store 为例：

（1）打包准备

工具：使用 Xcode 生成 .ipa 文件。

配置要求：创建 App ID（需唯一标识，如 com.company.Appname）。

生成发布证书（Distribution Certificate）和描述文件（Provisioning Profile）。

（2）提交审核材料

登录 App Store Connect，创建新应用，填写名称、分类、关键词、描述等元数据。上传构建版本，通过 Xcode 工具上传 .ipa 文件。

（3）提交审核材料

必填内容：

应用截图（6.1 英寸和 6.7 英寸尺寸各一组）。

隐私政策链接（需托管在已备案域名）。

测试账号和密码（若为需要登录的功能型应用）。

通过上述流程，可系统化完成域名申请、程序打包及审核上线。不同平台规则可能动态调整，建议以官方文档为准。

5.5 Excel 函数不会用？ AI 来助力

在我们的工作或者生活中，Excel 表格真是太常用了。记账、管理客户信息、统计销售数据、做各种表格……很多场景都要用到它。

Excel 虽然功能强大，但要真正把它用好，特别是涉及函数功能时，很多人就卡住了。函数其实就是 Excel 里的“快捷工具”，你能用它做各种各样的计算、统计、查找、判断。比如计算一列数字的总和、找出表格里最大的数等，但对于很多新手来讲，这些函数公式往往显得复杂，需要反复查阅教程。

如今，随着 AI 技术的发展，普通人即使没有专业基础，也能借助智能工具快速掌握 Excel 函数技巧。当你需要用 Excel 函数时，AI 能理解你的“大白话”需求，帮你找出合适的函数，甚至直接生成函数公式。

有了 AI 辅助，那些以前觉得复杂的 Excel 函数，变得没那么可怕了！不需要死记硬背公式，只需要告诉 AI 你的需求，它就能独立解决问题。AI 能应用在 Excel 的如下四个场景中：

函数生成：用自然语言描述需求，直接生成对应公式，例如“比较 A 列和 B 列，标记重复值”。

错误排查：粘贴报错公式，AI 分析问题原因，例如“#N/A 错误如何解决”。

流程优化：针对复杂任务推荐更简洁的公式组合，例如“如何用一条公式实现多条件汇总”。

数据分析建议：根据数据特征推荐可视化方案或统计方法。

接下来，我们通过几个例子，来看看 AI 是如何把“大白话”变成函数公式的。

1 用 AI 生成基础函数公式

场景示例：需要从“2023-12-25”格式的日期中提取月份。

对话指令：“在 Excel 中，A 列是日期格式如 2023-12-25，如何在 B 列提取月份数字？给出 3 种方法。”如图 5-3 所示。

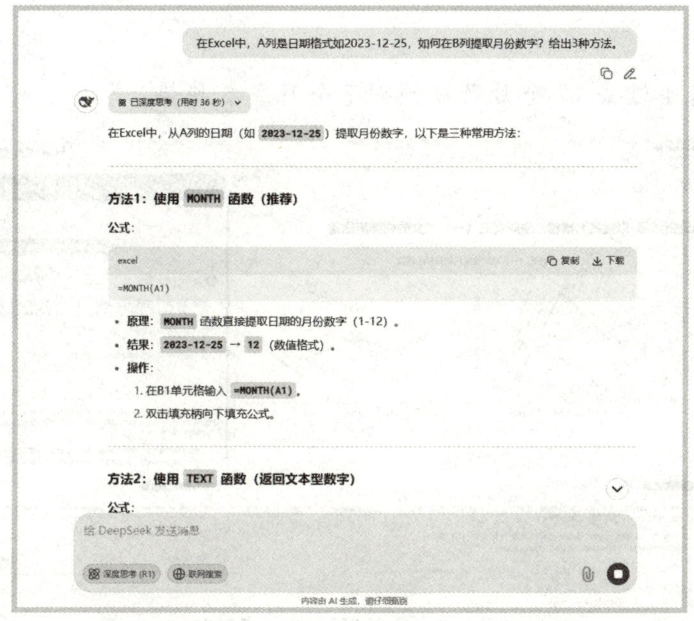

图 5-3　用 AI 生成基础函数公式

2 巧用 CHATExcel

上面的案例相对简单，接下来我们来点难度，通过 CHATExcel 这一工具，用户可实现自然语言自动化生成报告的功能。CHATExcel 通过自然语言交互与 AI 技术结合，实现自动化生成报告的功能，其核心流程可分为以下几个步骤，结合了用户指令理解、数据处理及可视化整合：

首先是注册账号和上传你的数据文档，该网站支持上传 Excel 和 CSV 文件。然后你就可以对着 AI 提出你的要求和指令了，下面举几个可以让 AI 理解的提问例子。

（1）基础分析

"统计 2023 年各季度销售额平均值。"

"标记库存量低于 100 的产品并标红。"

（2）复杂分析

"以姓名为横轴，生成高三（一）班女生的成绩折线图。"如图 5-4 所示。

"基于过去 12 个月数据预测下个月成本趋势。"

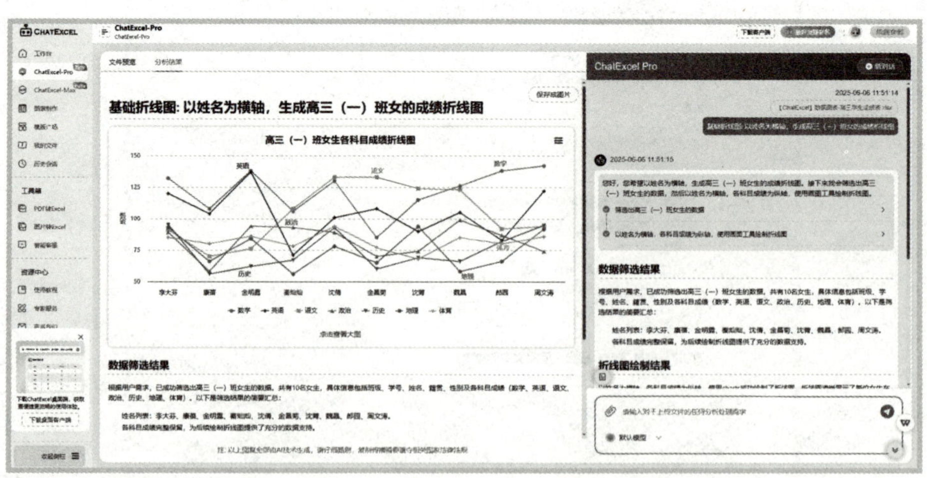

图 5-4 用 CHATExcel 生成图表

（3）模糊指令优化

若 AI 未理解，可补充参数，如“按月份细分”或“排除测试数据”。

待 AI 处理完成后，我们可以将报告进行调整优化，然后就能使用了。当 AI 成为你的数字助手时，你将不再被复杂的函数公式挡住脚步，能快速利用 Excel 的强大计算能力处理数据。掌握了这个技能，你就能在需要处理表格和数据时游刃有余，甚至能为别人提供帮助，创造额外收入机会。

5.6 SQL 语句快速生成：替换关键词就能用

有时候，你的工作可能会需要从公司的大数据库里提取一些数据，比如“找出所有昨天购买了 ×× 商品的客户信息”。如果你想学习数据分析或者从事和数据相关的工作，就得掌握一种叫 SQL（Structured Query Language）的语言。

因为公司的数据库就像一个巨大的智能仓库，里面分门别类地存放着各种各样的数据。那么 SQL 是什么呢？你可以把它理解成和这个仓库对话的专用语言，你用 SQL 语句告诉仓库“我想找某个货架（表格）里的某个东西（数据），条件是 ×××”。

SQL 语句和编程语言相似，有一套自己的语法规则：如 SELECT 表示“选”，FROM 对应“从哪个表”，WHERE 用于“筛选条件”。要学会写对 SQL 语句，知道怎么组合这些命令，对没有编程基础的人来说，确实有点难度。写错了，仓库就听不懂你的话，数据就提取不出来。

对于老手来讲，编写重复性查询语句也容易感到枯燥。为了提高效率，我们可以利用 AI，通过模板化的方式来生成 SQL 语句，以便快速应用于实际工作中。

以下是一个针对不会 SQL 的用户使用自然语言与 AI 交互生成数据公式的案例，手把手教你用 AI 搞定 SQL 语句。其实这个流程并不复杂，就是把你“想要什么数据”和“数据在哪儿”，用清晰的语言告诉 AI。

1 明确你想从数据库里提取哪些数据

你希望从数据库里提取哪些信息？需要满足什么条件？结果需要怎么呈现？如果你暂时没有答案，可以从以下角度思考。

查询内容：需要哪些数据字段？比如客户名称、购买商品、购买时间。

数据来源：数据在哪张表里？比如销售记录表、客户信息表。

筛选条件：需要符合哪些条件的数据？比如购买时间在某天之后、商品类别是“电子产品”、客户所在地是“上海”。

排序规则：结果按照什么顺序排列？比如按购买时间从新到旧。

统计需求：是需要计算总数、平均值、最大最小值，还是只是列出明细？

分组方式：是需要按商品分组计算总销售额，还是按客户分组统计购买次数？

把这些需求想清楚后，你还需要对你正在操作的数据库里有哪些表、每张表里有哪些列有基本的了解，这是给 AI 下指令的基础。

2 打开 AI 工具，描述你的需求和“数据库结构”

打开任意一个 AI 聊天机器人。把你第一步想清楚的需求，以及相关的表名和列名，清晰地告诉 AI。指令可以这样说：

“请你扮演一位精通 SQL 的数据专家，帮我写一条数据库查询语句。”（设定角色）

“我需要查询一个叫 sales_records 的表。”（指明表名）

“这个表里有这些列：customer_name（客户名称），product_name（商品名称），sale_amount（销售金额），sale_date（销售日期）。”（描述表里的列名）

“我想找出所有销售金额大于 1000 元的记录，并且只显示客户名称、商品名称和销售金额这三列数据。”（描述查询条件和需要显示的列）

“请帮我写出对应的 SQL 查询语句。”（提出获取 SQL 语句的要求）

学会了这个方法后，怎么做到用 AI 生成 SQL 语句的方式变现呢？最简单的就是提供数据查询服务。很多人需要从数据库里捞数据，但不会写 SQL。你可以利用 AI 的能力和对客户需求的理解，提供这方面的服务。此外，还可以提供 SQL 教学辅助，制作“AI 教你写 SQL”的付费课程。

5.7 数据源太多？看 AI 如何实现多表联合分析

你有没有遇到过这样的情况？

你有两份 Excel 表格：一份是“客户信息表”（含客户 ID、客户名称、联系方式），另一份是“订单记录表”（含订单 ID、客户 ID、购买商品、购买金额）。

现在，你想知道：“昨天购买金额最高的客户是谁，他的联系方式是多少？”

为了解决这个问题，你需要把这两张表格“关联”起来看。

不能只看订单表，因为订单表里只有客户 ID，没有联系方式；也不能只看客户信息表，因为表里没有订单金额。你需要通过“客户 ID”这个共同的信息，把两张表里的数据“联合”起来，才能找到那个下单最多的客户，并获取他的联系方式。

这种“多表联合分析”，在实际工作中非常常见。比如结合销售数据和客户信息，结合产品信息和库存信息结合，结合员工信息和项目参与情况……

以前操作起来特别麻烦，需要在 Excel 里使用 VLOOKUP、INDEX+MATCH 等函数逐个去查找匹配，公式复杂，且容易出错，而且表越多越麻烦。

现在，AI来了，它就像一个“数据拼接师”和“智能分析师”。特别是像CHATExcel这样的工具，能直接将表格处理与智能分析结合。上传Excel文件后，AI会自动识别表格内容，并根据共同字段（如“客户ID”）建立关联。

CHATExcel是怎么帮你完成多表联合分析的？你可以把它想象成一个能听懂你话、会处理表格的“智能表格”。你可以直接把你的Excel文件上传进去，它就会自动读取并理解你的表格内容，包括表头（列名）、数据类型，甚至不同表格之间可能存在的关联（比如同一个“客户ID”出现在不同的表格里）。

面对AI，你可以用大白话提问，比如：“把‘客户信息表’和‘订单记录表’连起来。找出订单金额最高的前3个客户，列出他们的客户名称和联系电话。以表格的形式输出。”

AI就能理解你的需求，从关联后的数据里找到符合条件的数据，然后把结果以新的表格形式展现给你。如图5-5所示。

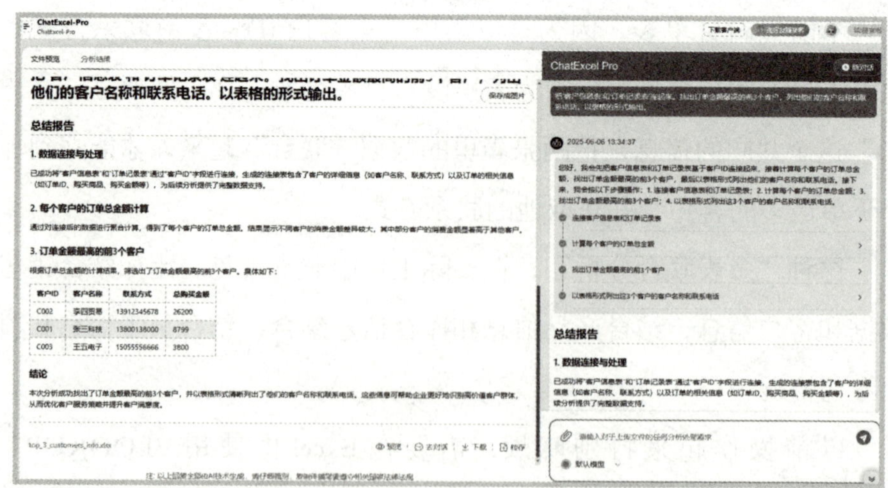

图5-5　用CHATExcel处理表格

5.8 AI 助力复杂图表一键生成

我们写报告、做汇报、写文章或者做任何需要展示数据的事情时，图表可太重要了。一个好的图表能瞬间抓住眼球，让别人一眼就看懂你的数据想表达什么。

看看不同地区销售额的对比：用柱状图（画图）。

瞧瞧用户数量随时间怎么变化：用折线图。

弄明白总成本里各个部分所占比例：用饼图。

…………

以前，这些图表都得我们自己手动在 Excel 或者 PPT 里反复筛选数据，再一点一点调整样式。如果数据比较复杂，或者想做点不常见的图表类型，更是让人抓狂。结果就是，要么放弃做图表，要么花大量时间做出来的图表又丑又不好懂。

随着人工智能技术的不断发展，越来越多的设计和数据分析任务可以通过 AI 工具来简化。尤其是在数据可视化领域，AI 的应用使得生成复杂图表变得更加高效、便捷。下面我们就以智谱清言中的数据分析模块为例，介绍一下使用 AI 生成图表的方法。

首先我们要准备好符合要求的文件，确保数据文件格式为通用类型（如 Excel、CSV），并删除冗余列或重复数据。上传至 AI 工具后，接下来就可以用自然语言来命令 AI 了。例如："生成 2023—2024 年各季度销售额对比柱状图，按产品类别分组，并标注增长率。""绘制华东地区用户活跃时段的 24 小时热力图。"

AI 工具会自动识别关键字段（时间、分类、数值列），调用内置算法（如趋势预测、聚类分析）执行数据分析。AI 生成初步的图表后，我们可以给图表选择不同的呈现方式，比如柱状图、折线图，还可以选择颜色让图表更美观。

图表完成后，还可通过 AI 辅助数据洞察。例如输入指令："分析销售额下降原因。"工具会自动检测异常时间段，关联库存、客流量等字段生成根本原因分析报告。

AI 能快速助力职场人制作复杂图表，尤其通过智谱清言这类易用工具，普通人也能轻松将枯燥数据转化为直观、有说服力的图表。掌握这项能力后，你既能在数据展示场景下游刃有余，还能为他人提供支持，将数据可视化需求转化为新的赚钱机会。

5.9 小游戏实操，不懂编程也能做小游戏

听到“做游戏”，你是不是立马想到了那些复杂的大型游戏开发公司？觉得做游戏得会编程、会美术、会策划，得有一整个团队才能完成？作为普通人，这简直是天方夜谭。

确实，以前做游戏，特别是复杂的 PC 游戏或手机 App 游戏，门槛高得吓人。

但现在，AI 和低代码平台又来了。它们让做小游戏这件事，对我们普通人来说变得可能了。不过，这里的“小游戏”，通常是指那些规则简单、画面不用太复杂、可以在网页或小程序里快速打开玩的那种游戏，比如简单“连连看”“消消乐”等。

利用 AI 和低代码平台，你不需要从零开始写复杂的编程代码，甚至有些平台几乎不需要写代码，通过拖拉拽、填配置、写文字描述，就能做出一个能玩的小游戏。

接下来我们以贪吃蛇游戏为例，了解一下如何用 AI+ 低代码游戏平台做出这个游戏。

1 明确游戏需求和规则

贪吃蛇虽然是一个大家耳熟能详的小游戏，但你要想想你的贪吃蛇有什么特点。比如：游戏区域多大？有没有边界？蛇一开始多长？移动速度多快？食物长什么样？吃到加多少分？蛇身长几节？怎么判断游戏结束？在开始前把这些想清楚，当然也可以问问 AI，听听它的建议。

2 用 AI 生成游戏素材

接下来，就是按你的需求使用 AI 设计游戏素材及文案，以下的提问供参考：

“请设计几种不同风格的贪吃蛇图片，要可爱一点的。”

“请设计几种不同食物的图片，比如苹果、香蕉。”

“请设计一个像素风格的游戏背景图。”

“请写一段游戏规则说明书，介绍贪吃蛇怎么玩。”

3 选择低代码平台搭建游戏界面

选择一个你能用顺手、功能也够用的低代码游戏平台。注册账号，创建一个新游戏项目。在可视化编辑器里，画出游戏区域。拖入“蛇”的初始形象、“食物”的形象，以及得分显示的区域。

将你用 AI 绘画生成的蛇、食物、背景图片等素材上传到平台的素材库，并应用到对应的游戏组件上。

4 配置游戏逻辑，让它“动”起来

这是最关键的一步，我们可以利用平台提供的逻辑组件和连接方式，设置游戏规则。比如：

设置蛇的移动：平台可能提供了“移动”模块。你需要配置蛇的方向和速度，并连接按键事件——当按下向上箭头时，蛇的移动方向为向上。

设置食物生成：配置游戏开始后，随机在某个位置出现一个食物。

设置碰撞检测：利用“碰撞检测”模块。配置“当蛇头碰到食物时”执行“得分加分”模块、“蛇身变长”模块、“食物消失”模块、“随机生成新的食物”模块。配置“当蛇头碰到游戏区域边界时”执行“游戏结束”模块。配置“当蛇头碰到蛇的身体时”执行“游戏结束”模块。

设置蛇身变长：这是贪吃蛇的特殊逻辑。平台可能会提供“列表”或“数组”模块来记录蛇身体的每个坐标点，或者有现成的“蛇身变长”组件，你需要配置吃到食物后，在蛇尾加上一个新的身体节。蛇移动时，身体的每个节都跟着前一个节移动。

设置计分：配置“得分”变量，每次吃到食物，让变量加 10 分或者你设置的其他分数。

游戏开始 / 结束：配置游戏的开始按钮、游戏结束时显示的文字，比如“游戏结束，你的得分是：××”。

5 测试、优化和完善

你的贪吃蛇基本做好了。但是和所有游戏一样，还需要自己和朋友进行反复测试，才能正式发布出来。

第 6 章

AI+ 知识付费，打造自动化赚钱体系

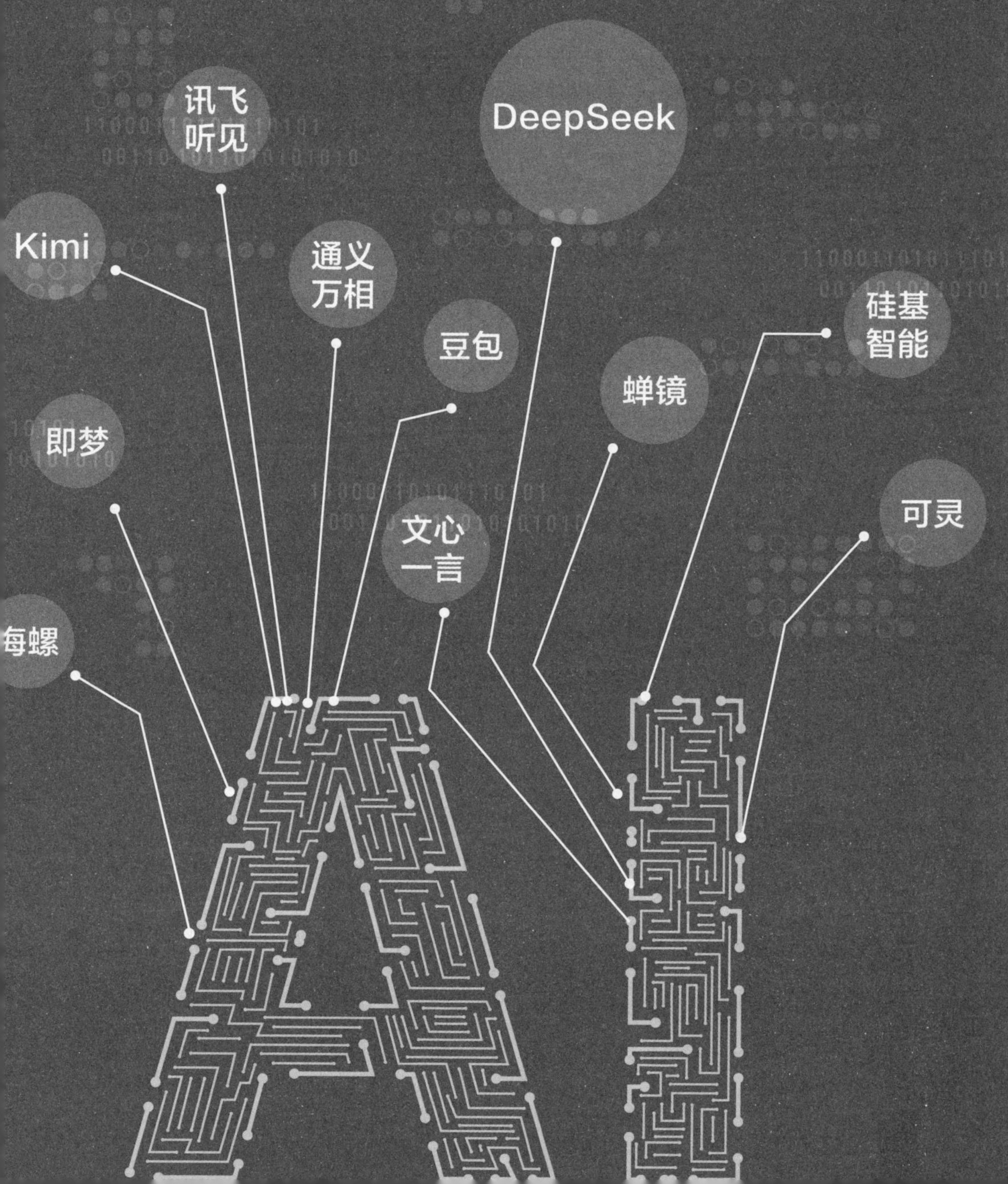

6.1 知识付费还能赚钱吗？AI 如何提高内容变现效率

最近几年，“知识付费”这个词儿持续火热，各类平台涌现体系化课程专栏，很多人通过分享自己的知识、经验和技能，赚到了很多钱。主要是因为，现在是信息过载时代，用户更愿为系统化知识买单——尽管网络内容海量，但优质体系化内容依然稀缺。

说到需求，那可五花八门了。上班的人想学点有用的技能，好让自己在职场上更如鱼得水；家长们呢，想着怎么教育好孩子，怎么跟孩子处好关系；而学生们呢，当然是想找到好的学习资源，提高成绩，或者学点课本以外的本事，德智体美劳全面开花。

面对这么多人的需求，我们得想想怎么赚钱，怎么让知识变成钱。这里有几个赚钱的好方法。

1 在线课程

作为知识付费变现的重要模式，我们可以把知识整理成一门一门的课，放到网上去卖。想学什么都有，比如学外语、学技术、学投资等。买了课，随时随地都能看。典型平台包括网易云课堂、腾讯课堂等。现在有一些新工具能帮我们更快地做出课程，ChatGPT 能依据数据分析快速生成课程大纲，AI 视频编辑工具可自动剪辑素材，缩短制作周期。

2 电子书

电子书也是受欢迎的变现模式，喜欢读书的人，可以在网上看，专业书、小说、漫画，应有尽有，特别方便。代表平台有微信读书、知乎、掌阅、起点中文网等。利用 AI 工具，如豆包、DeepSeek 等，告诉 AI 我们想写什么，AI 就能先写出个初稿，我们再改改，省力多了。

3 付费社群

就是建个群，用户交钱进来就能看到特别的内容。例如，新东方考研社群采用多维架构，满足学员需求，以“即时响应”为特色。我们还能在群里放一个智能客服，帮着回答一些常见的问题，这样人工客服就能轻松一些，用户也能更快得到答案。

4 平台直播

直播就是现场讲课，大家免费看，但是想学习更深入的知识就得花钱了。直播的好处就是能实时互动，讲述热门话题、实用技能等。比如张雪峰讲考研，就吸引了不少人花钱听。我们可以借助 AI 工具进行直播内容策划、观众互动分析等，提高直播效果和变现能力。

5 创作打赏

我们可以通过 AI 制作并发布作品，大家要是觉得好，可能就会打赏我们。这也算是我们劳动的一种回报。就像很多写文章的博主、做视频的 UP 主，文章末尾都放个打赏的按钮，视频里插入个“一键三连”。通过分析用户的喜好，把合适的内容推给他们，这样用户更容易看到自己喜欢的东西，打赏的可能性也就更大了。

6.2 在线课程的现有形式有哪些

有人可能要问了，知识付费这么多方式，我们该从哪开始呢？那当然是占比较重的在线课程。在线课程的形式有很多。不同形式适合不同类型的内容，也适合不同的制作方式和用户学习习惯。了解这些形式，能帮你更好地选择用 AI 去制作哪种类型的课程。我们来看看现在主流的在线课程形式都有哪些。

1 视频录播课程

就是老师提前把课录好，然后传到在线学习平台上。学生什么时候有空什么时候看，完全能自己安排时间。这种课的优势就在于，学生能自己控制学习速度，遇到不懂的地方可以暂停、回放，慢慢琢磨知识点。不过它也有缺点，那就是学生和老师不能实时互动，有问题不能马上得到解答。像网易云课堂、B 站这些平台上就有很多这种课程。

2 视频直播课程

直播就像网课一样，老师在直播平台上，按照规定的时间给学生上课。在直播的时候，学生能和老师互动，能提问、回答问题，还能一起讨论。这种课能营造出跟线下上课差不多的氛围，能让学生更积极地参与学习。但它也有个小毛病，就是学生得在规定时间上课，时间安排上没那么自由。腾讯课堂、Zoom、钉钉直播这些平台，经常会有这种直播课程。

3 音频课程

这种课特别适合不方便看视频的时候学，比如说坐车的时候、运动的时候。它的好处就是方便，带着手机就能听，能把零碎时间都利用起来。不过呢，因为没有画面，像一些图片、图表之类的就没办法展示，有些内容可能就不太好理解。喜马拉雅、蜻蜓 FM、荔枝 FM 这些平台上有很多音频课程。

4 图文课程

就是用文字、图片、图表这些形式来讲知识。学生可以按照自己的节奏慢慢看、慢慢学。这种课程适合讲一些理论知识、概念性的内容，能让学生静下心来深入思考。但要是碰到一些抽象的概念，没有老师在旁边讲解，学生可能就不太好理解。知乎 Live、得到 App、微信公众号专栏这些地方，经常能看到图文课程。

5 社群式课程

即把学员拉到一个统一的社群里，用微信群、QQ 群这些工具交流。老师会定期在群里给大家答疑，组织讨论。这种课程特别适合那种需要大家一起交流的学习场景，像兴趣小组、读书会之类的。知识星球、小鹅通社群这些平台上，经常有社群式课程。

6 微课 / 短视频课程

每节课时间很短，一般就 5 到 15 分钟，只讲一个知识点。这种课特别适合利用零碎时间学。像抖音上的知识博主、微信视频号，上面有好多这种课程。抖音、快手、小红书这些平台，能让微课和短视频课程传播得更广。

6.3 AI 工具怎么用？想学先付费

前面我们说了这么多 AI 的应用：AI 写作、AI 绘画、AI 做视频、AI 办公、AI 处理数据、AI 编程……你看，AI 的能力是不是特别多！

正因为它能力强、能帮我们解决好多问题，甚至能功能，听到各种 AI 赚钱的故事，都想自己上手试试。但面对五花八门的 AI 工具、复杂的概念、不知道怎么提问、怎么操作……很多人又卡住了，不知道从哪儿开始学。

这不就是巨大的知识付费机会吗？而且这群人的需求也太明确了："我想学会用 AI 工具，解决我的问题，或者利用它赚钱。"

而你，已经通过学习和实践，掌握了用 AI 工具解决某个问题的流程，接下来就把这些内容整理下来，就可以顺利开始吃上"知识付费"的蛋糕了。

那么步骤有哪些呢？

1 明确主题

首先，你得有个主题，比如我们这次就选"5 天玩转 DeepSeek"的实战训练营。那么这门课是给谁看的呢？是对 AI 感兴趣的小白、职场人还是学生？面向不同的人群，内容可能也需要有细微调整。最后，你得有个目标，就是让你的小白学员在 5 天内学会用 DeepSeek 解决写文案、做数据分析、生成 PPT 这些实际问题。

2 用 AI 搭个课程框架

有了主题、目标和受众，接下来就可以开始搭建课程框架了。这时候，DeepSeek 就派上大用场了。你可以跟它说：“请帮我搭个‘5 天玩转 DeepSeek’的课程大纲，需要包含写文案、做数据分析、生成 PPT 这些实际问题，以及针对的群体是零基础的新手小白。”

这时，它就能快速给你生成个大概的课程框架。比如：

第 1 天：零基础入门——5 分钟上手 DeepSeek。了解 DeepSeek 平台的基础知识及其应用场景。

第 2 天：文案创作与优化。掌握职场刚需功能，立竿见影提效。

第 3 天：掌握数据处理与分析。学习如何使用 DeepSeek 进行数据处理和初步分析。

第 4 天：AI 生成 PPT 全流程。学会如何使用 DeepSeek 和相关工具生成高质量的 PPT。

第 5 天：实战案例与总结。光说不练假把式，通过实际的案例，让学员把前面学的知识都运用起来，最后再总结一下，加深印象。

3 填内容，做课程

有了课程的大纲，按需求微调后，你就可以告诉 DeepSeek 更具体的需求了，比如：“根据上面生成的大纲，请给我一份关于教新手小白 DeepSeek 基础入门的具体课程方案，这个课程是针对职场里需要用 DeepSeek 提高自己效率的打工人群，需要简单易懂并且常用的技能。”如图 6-1 所示。

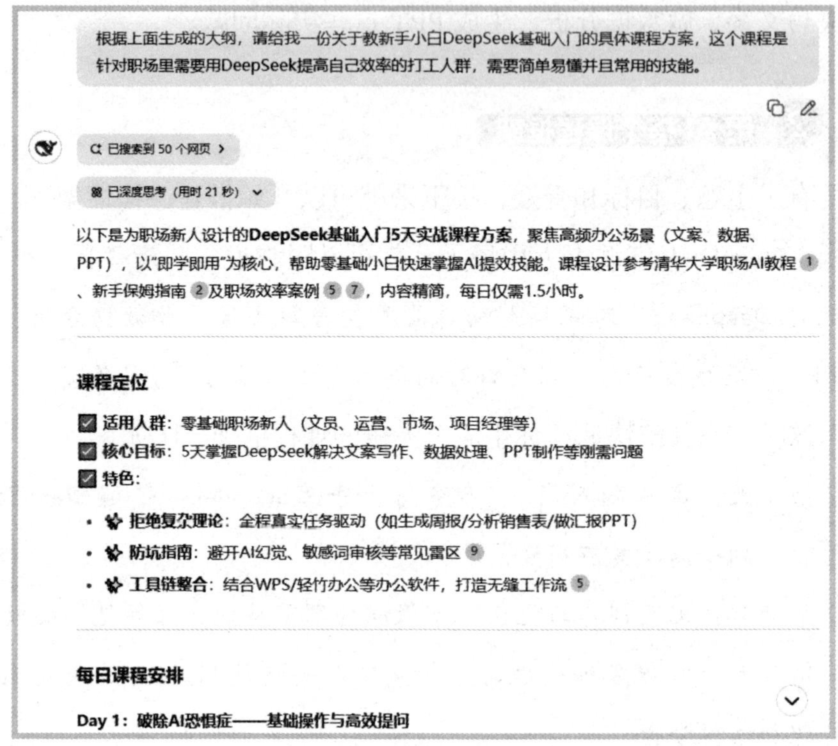
根据上面生成的大纲，请给我一份关于教新手小白DeepSeek基础入门的具体课程方案，这个课程是针对职场里需要用DeepSeek提高自己效率的打工人群，需要简单易懂并且常用的技能。

已搜索到 50 个网页

已深度思考（用时 21 秒）

以下是为职场新人设计的**DeepSeek基础入门5天实战课程方案**，聚焦高频办公场景（文案、数据、PPT），以"即学即用"为核心，帮助零基础小白快速掌握AI提效技能。课程设计参考清华大学职场AI教程 1 、新手保姆指南 2 及职场效率案例 5 7 ，内容精简，每日仅需1.5小时。

课程定位

☑ **适用人群**：零基础职场新人（文员、运营、市场、项目经理等）
☑ **核心目标**：5天掌握DeepSeek解决文案写作、数据处理、PPT制作等刚需问题
☑ **特色**：

- **拒绝复杂理论**：全程真实任务驱动（如生成周报/分析销售表/做汇报PPT）
- **防坑指南**：避开AI幻觉、敏感词审核等常见雷区 9
- **工具链整合**：结合WPS/轻竹办公等办公软件，打造无缝工作流 5

每日课程安排

Day 1：破除AI恐惧症——基础操作与高效提问

图 6-1　用 DeepSeek 生成课程方案

等 DeepSeek 生成方案之后，我们可以参考上面的几种在线课程方式进行加工，比如要做成视频录播课程，然后我们可以用 AI 视频工具生成讲解视频，或者自己录屏讲解。用剪辑工具快速剪辑视频，添加字幕和特效。如果嫌麻烦，想做成图文类课程，也可以用 DeepSeek 生成每节课的文字稿，整理成图文教程。然后用豆包设计课程 PPT 或海报，提升视觉效果。这里不推荐音频课程，毕竟没有画面，没有文字，对于新手不太好理解。

4 选好平台，开始卖课

课程做好了，就得找个地方把它卖出去。如果是视频录播课程，我们可以用网易云课堂、腾讯课堂等；如果是图文类课程，我们可以选择知乎、小红书等。要是做成几分钟的小视频，就可以上传到抖音、快手、B 站这些短视频平台。

合理的定价是很关键的，像“5 天玩转 DeepSeek”这门课，定价 39 元就挺合适。先放一些免费试看章节，让用户尝尝甜头，再吸引他们购买完整课程，或者更贵、内容更丰富的课程。另外，别忘了在微信、微博、小红书这些社交媒体上发布课程预告和干货内容，这样能吸引更多用户来买课。

6.4 拆解优秀课程，如何用 AI 抽象出课程大纲

看到这里，你是不是已经迫不及待地也想做一门课，但不知道从哪下手，内容怎么安排才有条理，别人的课程为什么卖得好，它的课程结构是怎么设计的，自己闷头想课程大纲，可能会想得比较零散，逻辑不清，或者容易漏掉重要内容。看别人的课程吧，一节一节听，再自己总结，又特别花时间。

别急，今天我就教你一招：用 AI 拆解优秀课程，快速抽象出课程大纲。跟着做，你也能轻松搞定一门课。

1 找到目标课程

首先，你得找到你想拆解的课程。比如，你想做一门“高效时间管理”的课，那就去网上找几门相关的热门课程，看看它们是怎么设计的。举个例子，你可以去 B 站、网易云课堂、小红书上搜“时间管理”，看看这些课程的评分、学员评价，挑几个评分高、大家都说好的课程，好好研究研究它们是怎么设计的。看看人家是怎么开场的，怎么把知识点一点点讲清楚的，又是怎么收尾的。

2 用 AI 提取核心内容

把课程的文字稿、视频字幕或者课程简介复制下来，粘贴到 DeepSeek 里。比如，你可以输入：“这是一门关于时间管理的课程，帮我总结一下并提取核心内容。”这时 AI 就会像一个聪明的小秘书一样，自动帮你把课程的核心内容总结出来。它可能会总结出这几个方面：一是时间管理的重要性；二是常见的时间管理误区；三是高效时间管理的方法；四是实战案例与工具推荐。

3 用 AI 生成课程

有了核心内容，就可以让 DeepSeek 给我们生成一个课程了。你可以跟 DeepSeek 说：“帮我根据上述的核心内容，生成一个‘高效时间管理’的文字稿。”DeepSeek 就会像一个专业的写手一样，给你生成一篇详细的文章。

这个文章可能是这样的：

第一章是时间管理的基础知识，让学员先了解一下什么是时间管理，为什么要学时间管理；第二章讲讲常见时间管理误区，很多人可能在不知不觉中就陷入了这些误区，比如拖延症、分不清事情的轻重缓急；第三章介绍高效时间管理方法，详细讲讲那些实用的方法，像番茄工作法，就是把时间分成一段段的，工作一段时间就休息一下，或者四象限法则，把事情按照重要和紧急程度分成四个象限；第四章分享实战案例与工具推荐，看看别人是怎么做好时间管理的，再告诉大家一些好用的时间管理工具。

要是你想做视频课程，也没问题。你跟 DeepSeek 说：“帮我写时间管理的基础知识的视频脚本，里面需要包含时间管理的基础知识、常见时间管理误区、介绍高效时间管理方法、分享实战案例与工具推荐。”它就会给你生成一个完整的脚本，里面包括讲解内容和画面设计。比如说，讲到时间管理的重要性的时候，画面可以是一个人因为不会时间管理，忙得焦头烂额，然后通过学习时间管理，变得井井有条。

用 DeepSeek 拆解优秀课程，抽象出课程大纲，其实很简单。关键是找到目标课程，用 DeepSeek 提取核心内容，生成大纲，优化结构，最后生成课程内容。只要你肯花点时间，利用 AI 工具高效输出，就能快速做出一门优质课程。

 如何找到付费方向，打造个人 IP

你是不是经常刷到别人靠知识付费月入几万，自己心里痒痒又不知道从哪下手？别慌，这里手把手教你用 AI 当军师，不用学历、不用资源，找准方向就能启动。

你可以跟 AI 好好聊聊，把自己以前的工作和学习经历都告诉它。比如说：“我大学学的是市场营销，毕业之后干过电商运营，还做过活动策划，那么我的优势是什么呢？”AI 就会根据你的描述，总结出数据分析、编写文案、组织活动这些优势。

要是自己学历不够，那也不怕，咱换个方向跟 AI 聊。你就跟它说说自己平时的兴趣爱好，比如说：“我平常喜欢做饭，拿手好菜是西红柿炒鸡蛋，糖醋里脊还有胡萝卜玉米汤，怎么通过这兴趣赚到钱呢？”AI 就会给你分析，利用你对烹饪的热爱以及擅长的菜品，有多种方式可以将这一兴趣转化为收入来源。以下是几种可能的方法：开设美食博客、提供线上课程、社交媒体影响者、私房菜服务或外卖等。

了解了自己的擅长方向，接下来就是分析用户的痛点了。这个关键点就是——在你擅长的区域里，抓准最让人头疼的问题。这一步我们还是可以使用 AI 工具，比如可以问："关于饮食方面，现在网上哪些话题最火爆？" AI 可能会告诉你，现在的人都"过劳肥"，追求健康餐饮，同时又没有太多时间做饭，那类似"快速做出一份健康餐"这样的话题，就可以成为你的付费方向。

有了方向还不够，想要卖课程，还是要精准找到你的付费人群——是都市白领？健身博主？还是大学生？面向不同的用户，我们的课程内容侧重也会有所不同，前期越精准，变现才越快。

在确定主题之后，我们就要关注课程内容方面的东西了，比如这样问 AI："帮我写一篇'5 分钟搞定健康餐'的文案。所需的食材要简单而且便宜。制作也要方便。"如图 6-2 所示。它会生成一篇吸引人的文章，你可以修改后直接发布到小红书、抖音等平台。这个过程一定要坚持，持续发布内容，才会获得流量和粉丝。

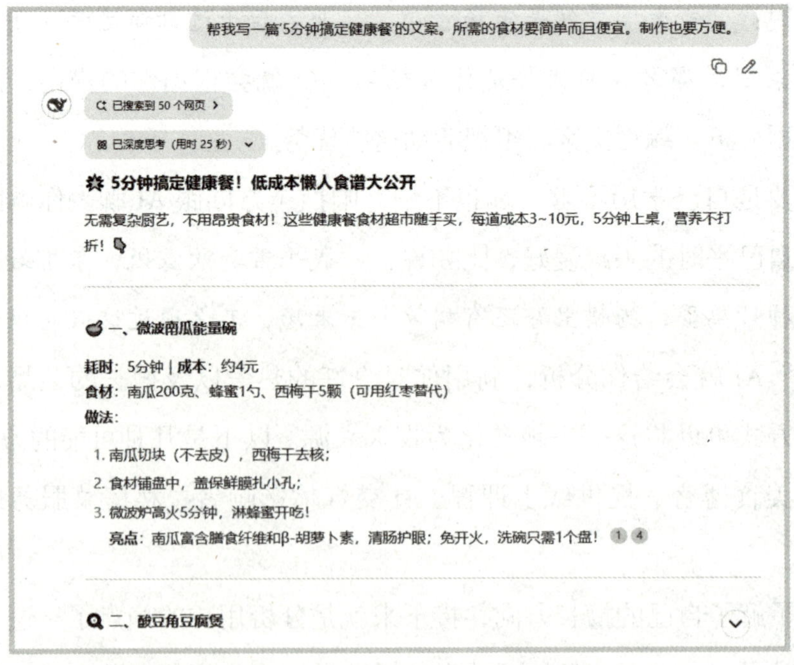

图 6-2 用 AI 生成有吸引力的文章

在前期诸多优质内容的铺垫下，拥有一定粉丝量之后，我们就可以考虑变现的问题了。比如这样问 AI：“如何设计一个 9.9 元健康餐食谱？面向人群是办公室的上班族。”它会给你一些建议，比如“鸡胸肉蔬菜卷饼 + 简易水果沙拉的教学课程”。到后期甚至可以用 AI 设计高价产品，针对不同用户，输入不同的限定词需求，AI 就会形成针对性的方案。

6.6 AI 生成课件，低成本打造线上课程

众所周知，做线上课程可真是件费时费力的事情，不过今天我要给大家来点干货，教大家怎么“偷懒”也能做出高质量的线上课程。现在就跟我一起看看，怎么用 AI 这个神奇的助手，轻松且低成本地做出一套课程的课件来。

1 找准课程主题和方向

首先，你得有个明确的想法，比如你想教大家怎么快速做出营养健康餐，那你的课程主题就可以是“10 分钟搞定！零基础营养健康餐（厨房小白版）”。这个主题得实用，得能让学员一看就心动，然后你的目标就是教会他们这些基础的营养知识和怎么动手做健康餐。

2 设计课程内容

确定了主题和目标，接下来就可以让 AI 上场了。注意了，我们需要在 AI 软件上输入尽可能具体的描述，比如：“我是一名营养健康师，我想做一份 PPT 来教新手小白快速做出营养健康餐，可以从了解基础营养知识、掌握基本的食材选择原则、熟悉简单的健康食谱、

学会基础烹饪技巧、实践搭配均衡的一日三餐、培养健康饮食习惯、动手实操体验等方面来描述，给我一份 PPT 的大纲及内容框架。”AI 接到指令后，很快就会生成一大段内容，这里面包含了 PPT 的大纲和各个部分的大致内容。

3 设计 PPT 课件模板

我们把刚刚上面生成的内容，复制到相关软件里，比如 Kimi，等它生成详细内容之后，在最下方会有个“一键生成 PPT”按钮，点击按钮，就进入到选择 PPT 模板的界面。这里面有各种各样的模板，你可以慢慢浏览，挑一个自己喜欢的。选好模板后，AI 就会自动把之前生成的内容填充进去，制作成一份专属你的 PPT。用不了多久，一份 PPT 就出现在你眼前了，是不是很方便？如图 6-3 和图 6-4 所示。

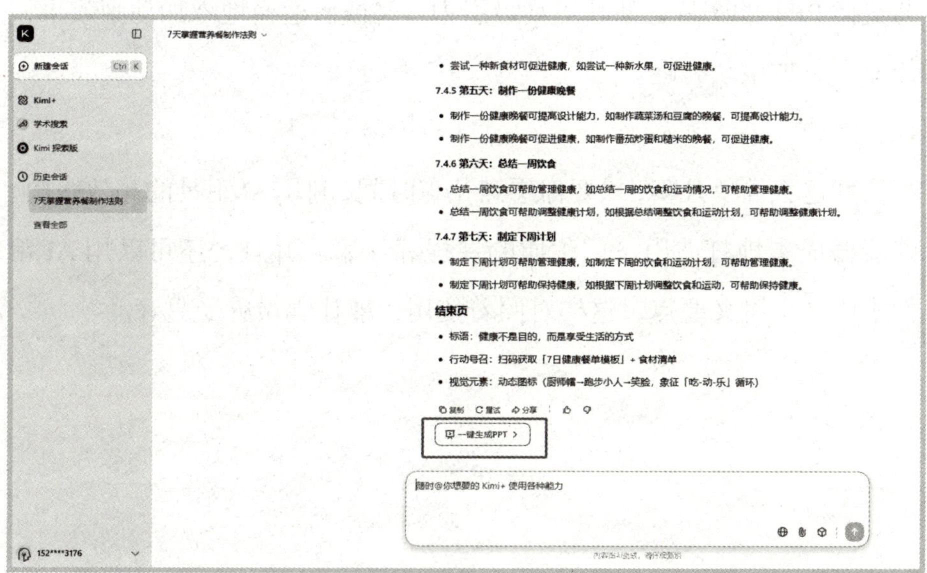

图 6-3　用 Kimi 生成 PPT

图 6-4 Kimi 的 PPT 模板界面

4 个性化调整

虽然 AI 生成的 PPT 基础框架很好，也很快就制作完毕，但你也可以根据你的教学风格和课程内容进行个性化设计。比如根据课程主题更换 PPT 的图片，使其更具吸引力。又或者适当地添加动画效果，使演示更加生动有趣。

就这么简单几步，只要你愿意花点时间，利用 AI 工具的高效输出，就能低成本地打造出一门优质的课程课件来。并且，还可以用 AI 帮你生成文字讲义要点，这样对照着使用，能让学员感受更好。

 图文？视频？AI 辅助多平台课程推广

我们之前学习了用 AI 轻松做线上课程，你辛辛苦苦把在线课程做好了，内容很棒，课件也漂亮。但问题来了：“怎么让想学的人知道你的课？怎么让他们愿意花钱买你的课？”

课程做得再好，“养在深闺人未知”也是白搭。你得想办法把它宣传出去，吸引目标用户，让他们看到课程的价值，最终付费购买。这就是“课程推广”或者叫“课程营销”。这节我们就来说说怎么用 AI 这个高科技小助手，加上图文和视频，让你的课程在各个平台上火起来，吸引更多学生。

1 图文宣传

图文适合不爱看视频的人，像发小红书、公众号、朋友圈，能直接传达课程核心信息，简单易懂。如果你想发朋友圈，就可以直接告诉 AI：“写一条朋友圈文案，关于推广‘10 分钟搞定！零基础营养健康餐（厨房小白版）’课程的。”它能立马给你很不同风格的文案，挑一条顺眼的用就行。比如：

“10 分钟逆袭厨房 | 零翻车营养餐公式：

蛋白质碳水纤维一键配齐，洗碗只费 1 个锅！

手残党狂喜！10 分钟组装米其林减脂餐。

不开火的魔法之懒人备餐：喂饱自己只要一首歌时间。”

要是觉得光有文案太过普通，想做海报，用 AI 设计工具就行，像 Canva 这类网站内置了很多好看的海报模板。选个模板，输入“健康餐”，AI 会自动生成带食物图的宣传图，改改字就能发。也可以用豆包 AI，输入详细要求，比如“请给我生成一张海报，是关于‘10 分钟搞定！零基础营养健康餐（厨房小白版）’主题的，海报用薄荷绿 + 奶油白为主背景，点缀芥末黄文字提亮，上下分屏式构图，上方餐品视觉 + 下方步骤图解”，稍等一会儿，就能生成好几张。如图 6–5 所示。

请给我生成一张海报，是关于'10分钟搞定！零基础营养健康餐（厨房小白版）'主题的，海报用薄荷绿 + 奶油白为主背景，点缀芥末黄文字提亮，上下分屏式构图，上方餐品视觉 + 下方步骤图解

我将生成一张主题为“10 分钟搞定！零基础营养健康餐（厨房小白版）”的海报，海报以薄荷绿和奶油白为主背景，用芥末黄文字提亮，采用上下分屏式构图，上方展示餐品，下方是步骤图解。

下载 分享

图 6–5 用 AI 生成海报

2 视频宣传

大家都知道现场直播做饭很吸引人，但有时候忙碌的观众没时间看长视频。那么这时候我们就可以用视频作为载体进行传播。比如，我们可以拍一个关于“巧用电饭锅，一锅出餐”教程。但是你不知道怎么拍摄比较合适，那么你可以用 AI，让它给你生成一个拍摄脚本，比如：“我想拍一个‘巧用电饭锅，一锅出餐’教程，请给我生成一个拍摄脚本。”AI 会立刻给你生成一个分镜脚本，按要求拍摄即可。

在拍摄完毕后，在视频制作方面，AI 也能帮上大忙。采用 AI 视频编辑软件可以快速制作教学视频。你只需输入脚本，AI 就能帮你自动剪辑素材、添加字幕和特效。甚至可以根据情感分析调整背景音乐以匹配视频氛围。

AI 辅助多平台课程推广，是一个能极大提高你课程曝光率和销售效率的 AI 应用。它把你从烦琐重复的营销工作中解放出来，让你能用低成本快速生产各种形式的推广内容，覆盖更广泛的潜在用户。掌握了这个技能，你的课程就不再是“孤芳自赏”，而是能被更多需要它的人看到，从而为你带来实实在在的课程销售收入。

6.8 自动发货与 AI 客服：提升销售与客服效率

上面我们学习了通过图文或者视频如何推广课程，那么接下来我们需要了解一下如何通过优化 AI 客服提升客售效率。就是当有人通过你的海报或视频想买你的在线课程时，你可以用这两个办法让整个流程更轻松、更快成交，还能少操心。

1 自动发货：买课就像网购，不用自己动手

有人下单后，不需要你自己盯着手机发链接，系统会自动做这 3 件事：

秒发课程：对方一付款，系统立刻发课程链接到他手机短信或邮箱，就像你网购时自动收到物流单号一样。

防漏发 / 错发：如果学员没收到，系统会自动重发，或者让学员点个按钮就可以实现重新发送。

资料打包发：课程有视频和 PDF 资料的话，系统自动打包一次性发过去，不用你一个文件一个文件传。

2 AI 客服：自动答疑，卖课无忧

把平时常回答的问题和答案整理成表格，上传到工具里，AI 就

会学习你的回答，像个 24 小时在线的小助手，帮你做这些事：

（1）售前推销

比如客户问：“我是零基础，这课适合我吗？”AI 就会介绍适合人群、课程内容，还能发课表链接；客户嫌贵，AI 可以介绍优惠价和涨价时间，促使用户下单；客户想看试听课的话，AI 也能直接发免费试看链接。

（2）售中服务

客户付款后，AI 可以马上告知课程已发货，并提供学习步骤图文指南。

（3）售后支持

比如客户反馈链接打不开，AI 会提供解决办法；客户问课程观看时长、开发票等问题，AI 直接给答案。要是 AI 解决不了，人工客服就要上线了。

以前你可能每天花几小时回复“怎么买课”“发下链接”，或者需要经常蹲在线上等待用户，现在 AI 全搞定，你只需要偶尔看看有没有特殊问题。半夜有人买课，系统也能自动发货，不用你熬夜盯着。而且成交更快，客户问完问题马上得到答案，合适就能直接下单了，不会因为“等太久”跑掉。

那这些 AI 工具需要花钱吗？怎么操作？这里给大家分享几个工具，可以根据自己的实际需求选择：

1 小鹅通

核心功能：支持抖音、快手等平台短信自动发货，学员支付后 10 秒内接收课程链接。

适用场景：适合通过短视频平台引流的课程卖家，无需技术开发即可一键配置。

2 千聊

核心功能：支持微信生态内小程序自动发货，可同步学员学习进度至公众号。

适用场景：私域流量为主的课程，如微信群、朋友圈推广，适合个人 IP 或小团队。

3 阿里云智能对话机器人

核心功能：内置教育行业知识库，支持多轮复杂对话，如课程内容对比、学习计划推荐。

技术优势：集成通义千问大模型，可根据学员提问自动生成个性化学习方案。

4 企微助手

核心功能：企业微信内自动回复 + 课程资料推送，支持“加好友自动发试听课”。

适用场景：通过企业微信沉淀客户，适合长期运营的课程品牌。

通过自动发货和 AI 客服，就像请了个 24 小时不睡觉、不吃不喝，还不会闹情绪的超级员工，帮你接单发货学习一条龙。让你能更专注于内容创作和业务增长，最终提高你的课程销售收入。掌握这些工具，让你的知识付费业务高效地运转起来吧。

6.9 复制成功经验，批量产出付费课程

当你有了一批愿意为你的知识付费的学员，你可能会想：这个领域还有其他知识点可以讲吗？有没有办法，把我做这个成功课程的方法和套路用在做其他课程上？

做得好的知识付费，往往不是只卖一门课，而是围绕一个主题或个人 IP，提供一系列课程，形成“课程矩阵”。这样才能覆盖更多用户需求，提高客单价，实现规模化变现。

但从零开始做每一门新课程，依然需要花费时间去设计大纲、撰写文案、制作课件、录制视频等，效率还是受限。那做出一个成功课程后，怎么才能省时省力批量产出更多付费课程呢？我们先看看传统做课的痛点。

一是准备时间长，录课 3 小时，剪辑要 3 天，人都要掉层皮；二是摸不透用户需求，全靠瞎猜，课卖不出去只能吃灰；想扩充课程品类，再招讲师和拍摄团队，成本直接爆炸。所以，学会用 AI 破局很有必要，把知识变成“乐高模块”，拆解爆款课公式，让 AI 批量组装新课程。

1 AI定位“用户痛点金矿”

假如你已经有一门卖爆的《10分钟减脂餐课》，就能用AI复制出《上班族备菜攻略》《学生党宿舍料理》等系列课。先输入：“针对不同人群，关于健康饮食有哪些痛点？”可能AI会帮你得出打工人备菜耗时、学生党工具简陋、宝妈孩子挑食等痛点，像这样轻松生成精准的《课程选题清单》，比人工调研强多了。

2 AI当“课代表+剪辑工”

知道不同人群需求后，用“爆款课程标题+目标用户痛点”的公式，就可以让AI批量生产课程大纲了。比如输入“基于‘10分钟减脂餐课’，扩展针对大学生的版本，需用到电煮锅”，就能输出“宿舍电煮锅救命食谱：6元搞定一日三餐”这样的课纲。然后用剪映的“自动剪辑”功能，你就可以批量生成课程片段了。

3 AI造“上瘾式标题+钩子文案”

在AI输入关键词，能生成很多爆款的标题，像“打工人备菜狠招：周日2小时搞定5天减脂餐（附AI智能菜谱工具）”这种，读起来就让人有点击的冲动。至于文案方面也可以用点套路，比如“你是不是也烦超市买菜半小时，做饭2小时？”，引起用户共鸣；最后结尾逼单，如“前100名送《超全备餐表》，扫码领取→（带倒计时弹窗）”。

4 AI当“课代表+印钞机”

用户学完课程，AI弹窗引导分享，还能自动监测截图，秒发资料包。深夜点击课程页？AI 客服秒回，限时解锁福利，24 小时实时在线，变现不是梦。

不过这事儿不能让 AI 全包，一些关键部分，比如试吃环节，还是得真人出镜。另外，AI 生成的食谱还是需要人工审核下，避免出现“酸奶配螃蟹”这种违背常识的翻车场面，弄出大笑话。

用 AI 做课不是当“甩手掌柜”，而是做爆款课导演。AI 是编剧、场务、群演，你只要负责保证课程质量和设计变现方式，记住，用户买单是为了解决问题，AI 帮你把解决方案装进不同的包装，让更多人付钱。